Eine empirische Theorie
des Zahlbegriffs

Europäische Hochschulschriften

Publications Universitaires Européennes
European University Studies

Reihe XI
Pädagogik

Série XI Series XI
Pédagogie
Education

Bd./Vol. 791

PETER LANG
Frankfurt am Main · Berlin · Bern · Bruxelles · New York · Wien

Michael Johann

Eine empirische Theorie des Zahlbegriffs

PETER LANG
Europäischer Verlag der Wissenschaften

Die Deutsche Bibliothek - CIP-Einheitsaufnahme

Johann, Michael:

Eine empirische Theorie des Zahlbegriffs / Michael Johann. - Frankfurt am Main ; Berlin ; Bern ; Bruxelles ; New York ; Wien : Lang, 1999
(Europäische Hochschulschriften : Reihe 11, Pädagogik ; Bd. 791)
Zugl.: Koblenz, Landau, Univ., Abt. Landau, Diss., 1999
ISBN 3-631-35367-7

ISSN 0531-7398
ISBN 3-631-35367-7

Inhaltsverzeichnis

Einleitung

In den „Grundlagen einer Geometriedidaktik“ weist H. STRUVE auf ein zentrales Problem der Mathematikdidaktik hin ([Struve, 1990], S.1):

> Dieses Problem [der Sinngebung, der „ontologischen Rechtfertigung der mathematischen Gegenstände“] ist in der Mathematik-Didaktik noch nicht systematisch angegangen worden, obwohl es grundlegende Bedeutung für den Mathematikunterricht hat: Vom ontologischen Status der mathematischen Gegenstände hängt der ontologische Status der Sätze ab, die Art der Beweisführung, die Bedeutung von Beweisen und der Aufbau der Theorie, die im Unterricht vermittelt wird. Zur Formulierung, Rechtfertigung und Beurteilung von Unterrichtsvorschlägen ist daher eine Kenntnis des ontologischen Status der Objekte des Unterrichts eine notwendige Voraussetzung.

Dabei geht es weniger um den ontologischen Status der mathematischen Gegenstände für den Lehrer als vielmehr *für den Schüler* (ders., S.2):

> Neuere Fallstudien haben gezeigt, daß der Unterricht aus der Schülerperspektive oft ganz anders abläuft als aus der Lehrerperspektive [...] Die Vorstellung, daß der Lehrer sein Wissen auf den Schüler "übertragen" kann oder aus ihm "herausholt", ist nach diesen Ergebnissen unzutreffend. [...] Für unsere Fragestellung bedeutet dies, daß man *nicht* davon ausgehen kann, daß der ontologische Status der mathematischen Gegenstände für den Schüler derselbe sein muß wie für den Lehrer.

In der vorliegenden Arbeit beschäftigen wir uns mit dem Problem der „ontologischen Rechtfertigung“ für den Rechenunterricht der Primarstufe. Wir suchen also zu bestimmen, welchen ontologischen Status Zahlen im üblichen Rechenunterricht auf der Primarstufe aus der

Sicht der Schüler haben. Unser Anliegen ist deskriptiver Art: Wir beschreiben einen Sachverhalt und versuchen zu erklären und Verständnis zu gewinnen. Aber obwohl es hier primär nicht um die Veränderung des gegenwärtigen Unterrichts geht (z.B. durch Unterrichtsvorschläge oder eine Lernzieldiskussion), kann unsere Untersuchung dennoch als Grundlage für normative Vorschläge dienen.

Indem wir den ontologischen Status eines mathematischen Objektes *aus der Sicht des Schülers* beschreiben, *interpretieren wir Äußerungen des Schülers.* Dazu wählen wir als konzeptuellen Rahmen unserer Interpretation das strukturalistische Theorienkonzept nach SNEED und STEGMÜLLER. Es wurde ursprünglich zur Deutung der begrifflichen Struktur bestehender erfahrungswissenschaftlicher Theorien entworfen. Wir verwenden es aber nicht in diesem Sinne, um eine bestehende, *wissenschaftliche* Theorie zum Zahlbegriff zu rekonstruieren, sondern wir tun so als ob der Schüler über eine Theorie zum Zahlbegriff verfügen würde, die seine Äußerungen bestimmt. Und diese „fiktive" Theorie rekonstruieren wir im Sinne des strukturalistischen Theorienkonzeptes.

Da wir annehmen, daß das strukturalistische Theorienkonzept vielen Lesern noch nicht vertraut ist, halten wird es für angebracht, dieses Konzept selbst an einem klassischen Beispiel aus der Physik zu erläutern und seine Verwendung in der Mathematikdidaktik zu begründen. Dies ist Gegenstand von Kapitel 1.

Das Kapitel 2 beinhaltet eine strukturalistische Rekonstruktion des Schülerwissens zum Zahlbegriff sowie deren Diskussion.

In Kapitel 3 beschäftigen wir uns mit einer Anwendung der im vorhergehenden Kapitel rekonstruierten Theorie auf Anschauungsmaterialien des Rechenunterrichts in der Primarstufe. Wir wollen dabei ansatzweise zeigen, wie unsere Beschreibung des Schülerwissens dazu verwendet werden kann, praktische Unterrichtsvorschläge zu rechtfertigen.

Kapitel 1

Methodische Vorüberlegungen

In diesem Kapitel wollen wir das strukturalistische Theorienkonzept anhand eines klassischen Beispiels aus der Physik einführend erläutern. Wir lehnen uns dabei eng an STEGMÜLLERs „intuitiven Zugang" an, wie er in [Stegmüller] im 3. Teilband zu finden ist.

Da das strukturalistische Theorienkonzept ursprünglich zur Deutung bestehender erfahrungswissenschaftlicher Theorien entwickelt wurde und wir es hingegen zur Rekonstruktion von Schülerwissen verwenden, sehen wir den Bedarf, diese spezielle Verwendung zu begründen.[1] Einerseits stützen wir uns dabei auf die (grobe) Charakterisierung des strukturalistischen Theorienkonzeptes als eine Interpretationsmethode, deren Anwendungsbereich nicht aus grundsätzlichen Erwägungen heraus, sondern eher aus wissenschaftshistorischen Gründen, zunächst auf die Wissenschaft und deren Träger beschränkt war. Andererseits sehen wir aber auch Ähnlichkeiten zwischen dem Verhalten eines Wissenschaftlers und dem eines Kindes beim Erwerb „neuen Wissens" und dessen Anwendung, was uns zu der Metapher

---

[1] Weitere mathematikdidaktische Publikationen, denen das strukturalistische Theorienkonzept zugrunde liegt sind beispielsweise: [Burscheid, 1988], [Burscheid, 1993] und [Struve, 1990]

vom „Kind als Wissenschaftler" führt, wobei wir betonen wollen, daß es sich u.E. um einige Ähnlichkeiten aber keines Falls um eine Gleichheit handelt. Wir meinen also nicht, daß ein Kind wissenschaftlich arbeitet oder denkt.

1.1 Formale Methoden in der Mathematikdidaktik

1.1.1 Formale Methoden in der Entwicklungspsychologie

Eines von vielen Problemen beim Unterrichten von Mathematik ist es zu erkennen, welche Bedeutung die benutzten Fachbegriffe für den Schüler haben - nur dann kann der Lehrer gezielt und bewußt Mißverständnissen vorbeugen und zum beabsichtigten Lernziel hinführen. Die individuelle[2] Genese mathematischer Begriffe ist daher ein wichtiger Forschungsgegenstand der Mathematikdidaktik. Bei der Beschreibung einer solchen Genese werden i.a. die beiden folgenden Aspekte unterscheiden: die Sachlogik des Faches Mathematik und die Psychologie des Lernprozesses. Während formale Darstellungen in der Psychologie umstritten und selten sind, sind mathematische Theorien stets formalisierbar und meistens auch formal dargestellt. Nach dem Vorbild der Mathematik und der mathematisierenden Wissenschaften wie z.B. der Physik erhofft man sich von der Anwendung formaler Methoden in der Mathematikdidaktik ein höheres Maß an Präzision sowie tiefere Einsichten in den Forschungsgegenstand. Aus lernpsychologischer Sicht erscheint es jedoch als großes Defizit der Sachlogik des Faches, daß individuelle Unterschiede von Schülern bezüglich des Lerngegenstandes in solchen Theorien kaum berücksichtigt werden können (siehe dazu [Burscheid, 1993]). Wünschenswert wäre also eine formale Darstellung lernpsychologischer Theorien.

[2] die allgemeine und von individuellen Voraussetzungen unabhängige Entwicklung beim *Individuum* im Gegensatz zu der in der Geschichte der Mathematik

Weithin bekannt sind die Arbeiten von JEAN PIAGET zur Entwicklungspsychologie. Er versuchte, die Ergebnisse seiner psychologischen Forschung zur Genese von Begriffen wie z.B. des Zahlbegriffs durch ein System von Axiomen zu beschreiben und bediente sich dabei auch strukturmathematischer Methoden: ([Piaget(8)], S.85/86):

> [...] so erlauben die Operationen der qualitativen Logik, die rein intensiv quantifizieren, präzise Kompositionen nach Strukturen, deren genetische Entwicklung man beim Kinde relativ leicht verfolgen kann, ausgehend von den durch das anschauliche Denken verinnerlichten Handlungen. Wir haben diesen Strukturen den Namen *Gruppierungen*[3] gegeben , da sie den elementaren mathematischen „Gruppen" verwandt sind [...]. Eine „Gruppierung" ist durch die fünf folgenden Eigenschaften gegeben:
>
> 1. Zwei Operationen der Menge erzeugen durch ihre Vereinigung eine neue Operation aus derselben Menge [...]
> 2. Jede Operation kann umgekehrt werden. [...]
> 3. Drei verschiedene Handlungen sind bei ihrer Komposition (= Zusammensetzung) assoziativ [...]
> 4. Die Komposition einer jeden Operation mit ihren inversen führt auf eine „allgemeine identische Operation", die dem Fehlen jeglicher Operation gleichkommt [...]
> 5. Endlich läßt jede Operation, die mit sich selbst zusammengesetzt wird oder mit jenen Operationen, die sie schon enthält, diese unverändert. [...]

Einschränkend muß jedoch erwähnt werden, daß die Formalisierungen, die Piaget vornahm, einer strengen mathematischen Prüfung nicht stand hielten und daher lange Zeit Anlaß zu Kritik und Interpretation gaben (siehe [Wittmann, 1978], [Thies]) *Dennoch zeigt sich in diesem Versuch deutlich das Bestreben, formale Methoden der Theoriebildung in der Psychologie anzuwenden.* Das Vorgehen Piagets bei dieser Formalisierung ähnelt dem in der Physik üblichen: So wie beispielsweise POINCARÉ die sog. LORENTZ-Transformationen als Modell einer Gruppe identifizierte, so identifizierte PIAGET gewisse

[3] Der Gruppierungsbegriff wurde von PIAGET selbst eingeführt und ist insbesondere nicht der Mathematik entnommen.

mentale Operationen als Modell einer Gruppierung. Dieses Vorgehen ist insofern typisch für Mathematisierungen, wie sie in den Naturwissenschaften üblich sind.

1.1.2 Eine formale Interpretationsmethode

Zur Darstellung empirische Theorien eignet sich nach dem gegenwärtigen Stand der Wissenschaftstheorie besonders das sogenannte *strukturalistische Theorienkonzept.* Dieses Konzept entstand in der Absicht, bestehende wissenschaftliche Theorien rational nachzukonstruieren. Dazu schreibt STEGMÜLLER ([Stegmüller] (S.19)):

> Rationale Nachkonstruktion oder rationale Rekonstruktion ist ein zentraler Gedanke der systematisch orientierten Wissenschaftsphilosophie. In Anwendung auf Theorien [...] beinhaltet er die Aufgabe, Klarheit über den inneren Aufbau von Theorien, über ihre Anwendungen sowie gegebenenfalls über die zwischen ihnen bestehenden Beziehungen zu gewinnen.

Einen Grund für die Notwendigkeit rationaler Rekonstruktionen liefert STEGMÜLLER an gleicher Stelle:

> Angenommen, es geht darum, sich mit der Neurosentheorie auseinanderzusetzen. Um nicht ins Uferlose zu gelangen, werde von den Interessenten der Beschluß gefaßt, sich nur mit der Neurosentheorie Sigmund FREUDs zu befassen. Wo aber finden wir diese Theorie? Vermutlich in FREUDs gesammelten Werken. Verschiedene Interpreten werden aus dem, was dort zu lesen ist, sehr verschiedenartige Theorien herauslesen. Aller Voraussicht nach wird es zu endlosen Diskussionen darüber kommen, ‚was FREUD eigentlich gemeint hat', wie tatsächliche oder vermeintliche Inkonsistenzen in seinen Behauptungen zu beheben sind, welche seiner Aussagen wichtiger sind als andere und welche für die Zwecke genauerer Untersuchungen vernachlässigt werden können.

Ganz ähnlich sehen wir die Situation des Mathematiklehrers, der sich darum bemüht, die Äußerungen und das Verhalten einzelner

Schüler beim Erwerb mathematischer Begriffe und Theorien zu verstehen. Auch er ist mit Aussagen konfrontiert, die in hohem Maße interpretationsbedürftig sind, auch wenn sie von ihrem Urheber eindeutig und unmißverständlich gemeint waren. Und verschiedene Lehrer werden aus denselben Äußerungen ebenso verschiedenartige Interpretationen gewinnen. Es kommt zu endlosen Diskussionen darüber, „was der Schüler eigentlich gemeint hat“, wie tatsächliche oder vermeintliche Inkonsistenzen in seinen Behauptungen zu beheben sind usw.[4]

Diese Analogie zwischen dem Wissenschaftstheoretiker, der die von Wissenschaftlern geäußerten Theorien zu rekonstruieren versucht, und dem Mathematikdidaktiker, der ebenso versucht, die Aussagen von Schülern zu verstehen, soll die Verwendung des sprachlichen Gerüstes des Wissenschaftstheoretikers, nämlich des strukturalistischen Theorienkonzeptes, zur Darstellung von Schülerwissen plausibel machen.

1.1.3 Das Kind als Wissenschaftler

Diese Analogie wird darüber hinaus gestützt durch Untersuchungen, die zum Verständnis des Mathematikunterrichts bei Schülern durchgeführt wurden. Wenn Kinder Mathematik lernen, so geschieht das meistens als Anwendung auf einen bekannten Bereich ihrer Umwelt. Dieser Bezug ist häufig so eng, daß die gleiche Gesetzmäßigkeit in unterschiedlichen Bereichen immer wieder neu erlernt werden muß. Beispielsweise berichtet LAWLER in [Lawler, 1981][5], daß seine Tochter Miriam den Zahlensatz $75 + 26 = 101$ recht unterschiedlich versteht – je nach dem Kontext, in dem die Zahlen gegeben sind:

- Die Frage „wieviel ist fünfundsiebzig plus sechsundzwanzig?“ beantwortet sie abzählend „siebzig, neunzig, sechsundneunzig,

[4]Solche Diskussionen kann der Mathematiklehrer selbstverständlich vermeiden, indem er sich darauf beschränkt, die Richtigkeit von Aussagen nur anhand der eigenen Theorie (der des Lehrers) zu beurteilen. Es würden ihm dann aber gerade die mißverständlichen Stellen seines Unterrichts verborgen bleiben.“

[5]Übersetzung von [Bauersfeld, 1983]

> siebenundneunzig, achtundneunzig, neunundneunzig, hundert, eins-null-eins"
> (das letzte mit Fingerhilfe).

- Die Frage „wieviel ist fünfundsiebzig Cents und sechsundzwanzig?", unmittelbar anschließend gestellt, wird mit: „Das sind drei Quarter, vier und ein Penny, ein Dollar eins" beantwortet.
- Und die später schriftlich in vertikaler Anordnung gegebene gleiche Aufgabe löst Miriam spaltenweise und mit Übertrag.

Aufgrund dieser Beobachtung (und anderer) wäre es unangemessen, das Wissen von Miriam alleine durch den Satz „$57+26=101$" zu beschreiben – es fehlte der entsprechende Kontext oder Umweltbereich, in dem dieser Satz für gültig befunden wird. LAWLER nennt solche Umweltbereiche *Microworlds*.

Diese Eigenschaft der Bereichsspezifität teilt das kindliche Wissen mit ausgereiften naturwissenschaftlichen Theorien: Nach THOMAS S. KUHN und der analytischen Wissenschaftstheorie (z.B. SNEED, STEGMÜLLER) orientiert man sich bei der Auswahl möglicher Anwendungen einer Theorie an sogenannten *paradigmatischen Anwendungen*; es handelt sich dabei um allgemein anerkannte Anwendungen, die meist schon auf den Begründer der Theorie zurückgehen. Durch diese Paradigmen wird der Gültigkeitsbereich einer Theorie bestimmt. *Naturwissenschaftliche Theorien gelten also ebenso wie kindliches Wissen nicht universell, sondern bereichsspezifisch.*

Schließlich sei noch eine Eigenschaft erwähnt, die kindliches Wissen mit naturwissenschaftlichen Theorien gemeinsam hat, und die hier als *Ad-hoc-Eigenschaft* bezeichnet sei: Es – das Wissen – wird nur zeitlich begrenzt als „richtig" angesehen; neue Erkenntnisse lassen die alten Ansichten als „falsch" erscheinen. Bei seinen Untersuchungen zur *Reversibilität in der Entwicklung des Denkens*[6] stellt Seiler fest:

> [S. 159, f.] Wie REICHENBACH in ‚Experience and Prediction' unseres Erachtens überzeugend gezeigt hat, gibt es weder für ein theoretisches noch für ein praktisches Denken die Möglichkeit, strikte zu

[6] [Seiler, 1986]

> beweisen, daß zwei Stäbe, die nebeneinanderliegend mit Sicherheit als gleich lang festgestellt werden können, auch noch gleich lang sind, wenn der eine Stab vom anderen wegbewegt wird. Denn es könnte ja sein, daß durch die Bewegung die Länge des Stabes verändert wird (und die Relativitätstheorie nimmt das ja bekanntlich an). Dann nützt es aber auch nicht, den zurückgebliebenen Stab zum verschobenen hinzubewegen oder den anderen wieder zurück, um zu ‚beweisen', daß sie noch gleich lang sind, denn durch die Hinbewegung des einen könnte auch er transformiert und durch die Rückbewegung des anderen dessen Transformation rückgängig gemacht werden.[...].
>
> [S. 138] Der einzige Faktor unserer Versuchstechnik, der zu einem massiven und dauerhaften Erfolg geführt hat, war eine direkte und indirekte verbale Vermittlung der richtigen Antwort.

Die variante Deutung eines Invarianzversuches ist in der Situation des Versuches nicht weniger plausibel als die invariante Deutung. Alleine aus der Sachsituation heraus besteht keine Veranlassung, die eine Deutung der anderen vorzuziehen. Dazu bedarf es eines sozialen Impulses. Die Parallele zu naturwissenschaftlichen Theorien wird deutlich, wenn man z.B. an den Übergang vom geozentrischen zum heliozentrischen Weltbild denkt. Fast zweitausend Jahre hatte das geozentrische Weltbild das Denken der Menschen beherrscht. Vom kinematisch-geometrischen Standpunkt aus gesehen sind die beiden Weltbilder äquivalent, und zu dem Zeitpunkt, als das heliozentrische Weltbild entwickelt wurde, war es dem geozentrischen an Erklärungskraft noch weit unterlegen. Jedoch hatte man die *Hoffnung*, alle Phänomene, die im geozentrischen Weltbild erklärt waren im heliozentrischen *einfacher* oder zumindest nicht komplizierter deuten zu können. Die Ursache für den Übergang zur heliozentrischen Vorstellung ist also nicht nur in den Problemen mit dem geozentrischen Weltbild zu sehen.

Sieht man das Kind als Wissenschaftler, so ist es eher ein Naturwissenschaftler als ein Mathematiker. Die in der vorliegenden Arbeit konzipierte Theorie zum Zahlbegriff bei Kindern ist daher nach dem strukturalistischen Theorienkonzept verfaßt.

1.1.4 Erwartungen an eine empirische Theorie zum Zahlbegriff

Das wichtigste Element der formalen Darstellung einer naturwissenschaftlichen Theorie ist eine formale Aussage, die es erlaubt, z.B. Prognosen zu stellen. In Bezug auf die Zahlbegriffsentwicklung bei Kindern könnte man deshalb eine Formel erwarten, die es ermöglicht, Prognosen zu dieser Zahlbegriffsentwicklung anzustellen. Um dies – wenn überhaupt möglich – leisten zu können, muß zunächst geklärt werden, was ein Zahlbegriff ist. Sehr allgemein kann man sagen, daß der Ausdruck „Zahlbegriff" eine Auffassung von der Struktur und Beschaffenheit von Zahlen bezeichnet [Mittelstraß]. Bei seiner Verwendung lassen sich genetische Gesichtspunkte wie z.B. bei [Piaget(3)] oder [Gericke] von logisch-erkenntnistheoretischen wie z.B. bei [Dedekind] oder [Frege] unterscheiden. Die vorliegenden Arbeit entstand in der Absicht, die Verwendung der natürlichen Zahlen als Kardinalzahlen durch eine empirische Theorie zu beschreiben. Der Ausdruck „Zahlbegriff" ist hier also unter logisch-erkenntnistheoretischem Gesichtspunkt zu sehen. Andererseits sind empirische Theorien im Laufe der Zeit Änderungen unterworfen, die z.B. darin bestehen können, daß neue Anwendungen hinzukommen. In der Wissenschaftstheorie bezeichnet man solche und andere Veränderungen, denen empirische Theorien unterworfen sind, als Theoriendynamik. Damit wird der Ausdruck „Zahlbegriff" hier auch unter genetischem Gesichtspunkt betrachtet. Nicht zu erwarten ist aber eine „Formel", welche die Entwicklung des Zahlbegriffs beschreibt[7], es wird sich vielmehr um eine Folge von Theorien zum Zahlbegriff handeln.

1.2 Das strukturalistische Theorienkonzept

Das strukturalistische Theorienkonzept findet seinen Ausdruck in einer mengentheoretisch formulierten Sprache, die dazu dient, die be-

[7]Dies wäre so, als wollte man die Entwicklung einer naturwissenschaftlichen Disziplin formelhaft beschreiben, um Vorhersagen treffen zu können.

griffliche Struktur empirischer Theorien zu beschreiben. Es wurde Anfang der siebziger Jahre von J.D. SNEED entwickelt und in der darauf folgenden Zeit von W. STEGMÜLLER sowie seinen Mitarbeitern, vor allem von W. BALZER und C.U. MOULINES zu einem einflußreichen metawissenschaftlichen Forschungsprogramm ausgebaut. Das Vorhaben einer konsistenten Beschreibung empirischer Theorien geht zurück auf die Arbeit des Wiener Kreises und steht in der Tradition des Logischen Empirismus.

1.2.1 Zur Entstehung der strukturalistischen Theorienkonzeptes

Das Zweistufenkonzept

Zum Zeitpunkt der Entwicklung des strukturalistischen Theorienkonzeptes war die Wissenschaftsphilosophie von der *Zweistufenkonzeption* dominiert, die vor allem von R. CARNAP und C.G. HEMPEL entwickelt worden war. Zur Zweistufenkonzeption schreibt M. CARRIER in [Mittelstraß]:

> Im Rahmen der Zweistufenkonzeption wird zwischen den beiden Sprachebenen Beobachtungssprache und Theoriesprache unterschieden. Beobachtungsbegriffe sind dadurch gekennzeichnet, daß über ihre Anwendbarkeit auf Objekte oder Eigenschaften anhand unmittelbarer, nicht auf weitere Hilfsmittel zurückgreifender Wahrnehmungen entschieden werden kann. [...] Die Geltung von Beobachtungsaussagen ist entsprechend durch direkte Sinneserfahrung prüfbar. Theoretische Begriffe sind dagegen primär durch ihre Erklärungsleistung im Rahmen einer Theorie bestimmt; sie werden durch ihre theoretische Rolle identifiziert und besitzen zunächst keinen Bezug auf Beobachtungen. Diesen erhalten sie auf vermittelte Weise durch die Korrespondenzregeln, die Verknüpfungen zwischen beiden Sprachebenen herstellen. [...].

STEGMÜLLER sieht in der Zweistufenkonzeption den Versuch, das Vorgehen von Logikern beim Aufbau einer formalen Wissenschaftssprache zu imitieren. Stark vereinfachend schreibt er dazu:[8]

> Wenn ein Logiker eine formale Sprache aufbaut, so besteht einer seiner ersten Schritte in der *Klassifikation der Zeichen* dieser Sprache. Er muß das Vokabular V erschöpfend in die beiden disjunkten Teilklassen der *logischen Zeichen* und der *deskriptiven Zeichen* unterteilen. Die logischen Zeichen machen das logische Vokabular V_L aus, die deskriptiven Zeichen das deskriptive Vokabular V_D. Da durch die Bedeutung der logischen Zeichen der logische Folgerungsbegriff festgelegt wird, ist mit dieser Unterteilung die Grundentscheidung darüber gefällt, was als logisches Grundgerüst anzusehen ist und was zum außerlogischen, ‚empirischen' Teil der Wissenschaft gehört. An dieser Unterteilung knüpft CARNAP an *und führt sie weiter.* Aufgrund von Überlegungen, wie sie in Kap. IV geschildert worden sind, wird das Vokabular V_D selbst wieder in zwei disjunkte Teilklassen V_B und V_T unterteilt, das erste bestehend aus den ‚Beobachtungstermen', das zweite aus den ‚theoretischen Termen'.

In den sechziger Jahren wurde jedoch zunehmend Kritik an diesem Wissenschaftskonzept laut. Als Hauptvertreter dieser „Rebellion gegen die Wissenschaftsphilosophie" nennt [Stegmüller][9]: N.R. HANSON, S.E. TOULMIN, T.S. KUHN UND P. FEYERABEND.

> Angegriffen wurden Werkzeug, Methode, Inhalt und Voraussetzungen der modernen Wissenschaftstheorie.[...] Selbst wenn die Wissenschaftstheorie erfolgreich wäre – was sie wegen ihrer falschen Voraussetzungen nach Ansicht der Rebellen nicht sein kann –, würden ihre Resultate dürr sein und niedrigen Informationswert haben. Da sich alle logischen Analysen immer nur mit der *‚Form'*, nicht aber mit dem *‚Inhalt'* befassen, kann man mit logischen Methoden nur zu Aussagen darüber gelangen, was *für alle möglichen* Wissenschaften gilt [...].

Außer dieser Kritik an der Verwendung einer formalen Sprache wurde auch die Angemessenheit des Zweistufenkonzeptes überhaupt in Fra-

[8] [Stegmüller], 2. Teilbd., Kap.VIII, 1.b
[9] 2. Teilbd., Einleitung

ge gestellt: der Begriff der Beobachtungssprache, die Eindeutigkeit der Dichotomie „beobachtbar - theoretisch“ sowie der Begriff der theoretischen Terme. N.R. HANSON behauptet, daß Beobachtungen durch theoretische Überzeugungen beeinflußt werden, da diese einen Teil der begrifflichen Ordnungsmuster für äußere Sinnesreize bereitstellen. Obgleich (der geozentrisch eingestellte) T. BRAHE und der (heliozentrisch eingestellte) J. KEPLER bei der Betrachtung eines Sonnenaufgangs die gleichen Netzhauteindrücke aufweisen mögen, ist ihre visuelle Erfahrung verschieden: Der eine sieht den Aufstieg der Sonne, der andere das Fallen des irdischen Horizonts.[10] Nach [Kuhn, 1967] wird die Art und Weise, wie Wissenschaftler die Welt betrachten und über ihre Beobachtungen referieren, davon bestimmt, welches *Paradigma* sie als gültig voraussetzen. Bekannt ist auch die metaphorische Aussage von P. FEYERABEND[11] zu dieser Problematik: „Wir deuten [...] unsere 'Erfahrungen' im Lichte der Theorien um, die wir besitzen - es gibt keine 'neutrale' Erfahrung“. All diese Einwände faßt man heute unter dem Stichwort *Theoriebeladenheit* (der Beobachtung) zusammen und bestreitet die Möglichkeit der Existenz einer universellen Beobachtungssprache. Die Unmöglichkeit einer solchen Beobachtungssprache sieht man sofort ein, wenn man davon überzeugt ist, daß der Begriff „theoretisch“ stets auf eine ganz bestimmte Theorie zu relativieren ist: In einer universellen Beobachtungssprache müßten alle Theorien der modernen Physik formulierbar sein. Aufgrund der eben gemachten Voraussetzung kann es dann aber sein, daß ein und derselbe Term in bezug auf eine dieser Theorien theoretisch ist, in bezug auf eine andere dagegen nicht-theoretisch. Er gehörte einerseits also der Beobachtungssprache an und andererseits nicht!

Eine weitere Kritik richtete sich gegen die Art und Weise der Charakterisierung theoretischer Terme im Zweistufenkonzept. STEGMÜLLER bezeichnet sie als: „die Herausforderung von PUTNAM“[12]:

[10] [Hanson] S. 5–24

[11] [Feyerabend], S. 71

[12] [Stegmüller], 2. Teilbd., Kap. VIII, 1.b

> Alle bisherigen Versuche, den Begriff des *Theoretischen* abzugrenzen, sind, so könnte man sagen, durch *Negativität* ausgezeichnet. Damit ist folgendes gemeint: Wenn ein in einer Theorie T vorkommender Term τ *theoretisch* genannt wird, so hat die Begründung für diese Art von Auszeichnung nicht die Form: „weil t[13] in der Theorie T diese und diese Rolle spielt [...]". Vielmehr lautet die Begründung [...]: „weil τ *nicht* zum Beobachtungsvokabular gehört" [...] Die leitende Vorstellung ist [...]: Das, was man schon vorher „versteht", kann man, *da es vollkommen verständlich ist*, zur Grundsprache rechnen; dasjenige hingegen, dem diese volle Verständlichkeit fehlt, muß (vorläufig) als theoretisch ausgezeichnet werden.

STEGMÜLLER bzw. PUTNAM weisen damit auf ein Defizit bei der Charakterisierung theoretischer Terme hin: die negative Kennzeichnung ignoriert *die wesentlichen* Eigenschaften theoretischer Terme, die sich beispielsweise in deren Systematisierungsleistung zeigt.

Die Deutung naturwissenschaftlicher Theorien nach T.S. Kuhn

Dringlich wurde eine konsistente Beschreibung naturwissenschaftlicher Theorien aufgrund der Arbeit von T.S. KUHN[14], die inhaltlich nahelegt, an der Rationalität des Verhaltens von Naturwissenschaftlern zu zweifeln. Der zentrale Begriff zur Deutung der Entwicklung von Wissenschaften und des Verhaltens von Wissenschaftlern ist der des *Paradigmas*. KUHN bezeichnet damit einige anerkannte Beispiele konkreter wissenschaftlicher Praxis, die zu Modellen (Vorbildern) werden und gemäß denen die Wissenschaftlergemeinschaft ihre methodischen und auch sozialen Entscheidungen trifft. Anhand ausgewählter Beispiele aus der Geschichte von Physik, Chemie und Astronomie zeigt KUHN verkürzt dargestellt drei Phasen der Wissenschaftsentwicklung auf: (1) Die *vor-normale Phase* ist gekennzeichnet durch einen Pluralismus konkurrierender Ansätze (Paradigmen)

[13] Anm.: gemeint ist wohl τ

[14] [Kuhn, 1967], „Die Struktur wissenschaftlicher Revolutionen". Siehe zu „T.S. KUHN" auch C.F. GETHMANN, in [Mittelstraß]

und mit ihnen verbundener Schulen. Es gibt keine einheitlichen Methoden und keinen festumrissenen Wissenskanon. Diskussionen zwischen Vertretern verschiedener Schulen verlaufen stets unfruchtbar, da keiner imstande ist, des anderen Ansatz zu widerlegen. (2) In der *normalen Phase* hat sich eine Schule gegenüber allen anderen durchgesetzt. Ihr Paradigma bestimmt weitestgehend die Methoden und den Wissenskanon der nun etablierten wissenschaftlichen Disziplin. Die wissenschaftliche Arbeit während dieser Phase besteht in der Präzisierung der durch das Paradigma bestimmten Theorie, der gemäß der Theorie prognostizierten Fakten sowie der Ausweitung der Theorie auf weitere Anwendungsbereiche. KUHN hat diese Tätigkeit des normalen Wissenschaftlers mit dem Lösen von Rätseln verglichen (puzzle solving), um deutlich zu machen, daß in dieser Phase nichts grundsätzlich Neues entsteht und der paradigmatische Bestand an Wissen unhinterfragt bleibt. (3) Als *revolutionäre Phase* bezeichnet Kuhn einen Paradigmenwechsel: Es treten Ereignisse ein, die aufgrund des gültigen Paradigmas nicht prognostiziert werden können (sog. *Anomalien*). Werden nun neue Theorien entwickelt, die diese Anomalien zu „erklären“ (prognostizieren) vermögen, so entsteht eine Situation, die insofern der vor-normalen Phase ähnlich ist, als die Vertreter der älteren Theorie diese nicht preisgeben und sich somit wieder mehrere Schulen zueinander um die vermeintlich „richtige“ Theorie in Konkurrenz befinden. Es ist, nebenbei bemerkt, kein Starrsinn, wenn die Vertreter der alten Theorie an dieser festhalten. Denn wie bei jeder potentiellen Anwendung der Theorie besteht auf Seiten der Wissenschaftler auch bezüglich der Anomalien die Hoffnung, diese irgendwann in der alten Theorie erklären zu können – es läßt sich eben nicht *beweisen*, daß die Anomalien in der alten Theorie *unerklärbar* sind. Beispiele für eine derartige Revolution sieht KUHN in der Kopernikanischen Wende, dem Übergang von der Phlogistontheorie zur Theorie der Sauerstoffverbrennung sowie den Übergängen von der klassischen Mechanik zur relativistischen Mechanik und zur Quantenmechanik. KUHNS Wissenschaftskonzept problematisiert die Deutung solcher Revolutionen als Erkenntnisfortschritt, da zwischen verschiedenen Paradigmen kein rationaler Vergleich möglich ist und für den Erfolg des einen über andere außerwissenschaftliche Gründe verantwortlich sind.

Eine adäquate Antwort auf diese wissenschaftstheoretische Herausforderung gibt - nicht nur nach Meinung seiner Verfechter - das *strukturalistische Theorienkonzept.*[15]

1.2.2 Die klassische Mechanik – ein Paradigma des strukturalistischen Theorienkonzeptes

Die mathematische Struktur der Theorie

Bei der Darstellung der mathematischen Struktur empirischer Theorien greift man im Strukturalismus auf eine Methode zurück, die sich in der Mathematik seit langem bewährt hat: *Die Definition eines mengentheoretischen Prädikats.* So wie man in der Mathematik eine Gruppe, einen Vektorraum, eine Inzidenzstruktur usw. definiert, so wird im Strukturalismus auch die mathematische Struktur empirischer Theorien wie z.B. der klassischen Teilchenmechanik definiert:

> $(P, S, T, r, m, f, \mathbf{R})$ heißt *klassische Teilchenmechanik* (KTM) genau dann, wenn gilt:
>
> 1. P ist eine endliche, nicht-leere Menge
> 2. $S \subset \mathbf{R}^3$
> 3. $T \subset \mathbf{R}$
> 4. $r : P \times T \mapsto S$ ist eine zweimal stetig differenzierbare Funktion in ihrem zweiten Argument
> 5. $m : P \mapsto \mathbf{R}_+$ ist eine Abbildung
> 6. $f : P \times T \mapsto \mathbf{R}^3$ ist eine Abbildung
> 7. Für alle $p \in P$ und $\alpha \in T$ gilt das *zweite* NEWTON*sche Axiom:*[16]

[15] s. [Kuhn, 1976]

[16] Eine exakte Darstellung der Theorie müßte berücksichtigen, daß es verschiedenartige Kräfte gibt ([Balzer, 1987], S. 103 f.).

$$m(p) \cdot \ddot{r}(p, \alpha) = f(p, \alpha)$$

Die Bestimmungen 1–6 charakterisieren das Begriffsgerüst der Theorie. Entitäten, welche diese Bestimmungen erfüllen, nennt man daher auch *mögliche* oder *potentielle Modelle* von KTM. Denn in bezug auf solche Entitäten ist die Frage sinnvoll, ob sie das „eigentliche" Axiom, die Bestimmung 7, erfüllen. Alle Entitäten, die sämtliche angeführten Bedingungen erfüllen, heißen *Modelle* von KTM. Die Menge $M(KTM)$ der Modelle von KTM kann deshalb auch als Extension des Prädikats „KTM" eingeführt werden:

$$M(KTM) := \{x | x \text{ ist ein } KTM\}$$

Analog dazu wird die Menge $M_p(KTM)$ der potentiellen Modelle von KTM definiert. Man benötigt dabei das Prädikat KTM_p, das aus KTM durch Weglassen der Bedingung 7 hervorgeht und explizit daher so definiert ist:

> $(P, S, T, r, m, f, \mathbf{R})$ heißt *potentielle klassische Teilchenmechanik* (kurz: KTM_p) genau dann, wenn gilt:
>
> 1. P ist eine endliche, nicht-leere Menge
> 2. $S \subset \mathbf{R}^3$
> 3. $T \subset \mathbf{R}$
> 4. $r : P \times T \mapsto S$ ist eine zweimal stetig differenzierbare Funktion in ihrem zweiten Argument
> 5. $m : P \mapsto \mathbf{R}_+$ ist eine Abbildung
> 6. $f : P \times T \mapsto \mathbf{R}^3$ ist eine Abbildung

Damit lautet die Definition der potentiellen Modelle als Extension des Prädikats KTM_p:

$$M_p(KTM) := \{x | x \text{ ist ein } KTM_p\}$$

Zur Unterteilung in potentielle Modelle und Modelle von KTM wurde eine Unterscheidung von Bestimmungen, die das „bloße Begriffsgerüst" ausmachen, und solchen, die „eigentliche" Axiome bilden, zugrunde gelegt. Diese Unterscheidung ist zugegebenermaßen vage – aber sie ist nicht willkürlich. Würde man beispielsweise auch die Bedingung 6 zu den eigentlichen Axiomen zählen, so würde wohl jeder Physiker mit Recht einwenden, daß es sich hier „nur um die Beschreibung der formalen Struktur einer physikalischen Größe" handle. Ein Kriterium für diese Unterscheidung ist von der intuitiven Idee motiviert, daß echte Gesetze Verknüpfungsgesetze sind, in denen mehrere in der Theorie vorkommende Größen miteinander verknüpft werden.

Der Anwendungsbereich der Theorie

Bislang ist nichts anderes zur Sprache gekommen als das mathematische Gerüst einer empirischen Theorie. Die Erfahrung kann in eine so charakterisierte Theorie nur dadurch Eingang finden, daß man das mathematische Gerüst auf empirische Phänomene anwendet. Solche empirische Phänomene bezeichnet man als *intendierte Anwendungen* der Theorie. Prima facie sind intendierte Anwendungen (die obigen Gedanken fortführend) potentielle Modelle. Denn um das die Theorie ausdrückende Prädikat auf „empirisch gegebene" Entitäten anwenden zu können, müssen diese Entitäten mittels des Begriffsgerüstes erfassbar sein, das den „eigentlichen" Axiomen, welche die fundamentalen Gesetze der Theorie zum Inhalt haben, zugrundeliegt. Und wie oben bereits erläutert wurde, ist die Extension desjenigen Teilprädikats, welches dieses Begriffsgerüst festlegt, genau die Menge der potentiellen Modelle. Sicherlich kommt aber nicht jedes potentielle Modell auch als intendierte Anwendung in Frage. *Nur für mathematische Theorien sind alle überhaupt denkmöglichen Modelle prinzipiell gleichberechtigt.* Die Gleichsetzung von M_p, der Klasse der möglichen Modelle, mit der Menge der intendierten Anwendungen liefe auf nichts geringeres hinaus als auf eine Gleichsetzung oder Verwechslung empirischer Theorien mit mathematischen.

Es liegt nun nahe, die Menge I der intendierten Anwendungen durch Angabe hinreichender und notwendiger Bedingungen als Teilmenge von M_p zu charakterisieren. Leider erweisen sich diese Überlegungen jedoch als unhaltbar. Erstens gerät man in einen epistemologischen Zirkel, wenn man zu beweisen oder zu widerlegen versucht, daß eine so charakterisierte intendierte Anwendung ein Modell der Theorie darstellt. Dies wird intensiv im Zusammenhang mit dem sogenannten Problem der theoretischen Terme zu diskutieren sein (s. S. 21 ff.), und der Leser möge sich an dieser Stelle deshalb noch etwas gedulden. Zweitens sprechen aber auch historisch-pragmatische Gründe gegen die Angemessenheit einer solchen Charakterisierung der intendierten Anwendungen: Jahrhunderte lang waren Physiker wie beispielsweise HUYGENS darum bemüht, optische Phänomene durch die Theorie der NEWTONschen Mechanik zu erklären, bis schließlich im 19. Jahrhundert die MAXWELLsche Elektrodynamik entwickelt wurde und sich damit eine Beschreibung im Sinne der Mechanik erübrigte. Optische Phänomene waren also lange Zeit (für die Newtonianer) intendierte Anwendungen der klassischen Mechanik und wurden dennoch irgendwann nicht mehr als solche angesehen. Die Bedingungen, welche die intendierten Anwendungen gegenüber den übrigen potentiellen Modellen einer Theorie auszeichnen, können somit zeitlich nicht konstant sein. Dann ist aber fraglich, wie diese Bedingungen überhaupt aussehen sollen.

SNEED geht bei der Definition der intendierten Anwendungen einer Theorie einen vollkommen anderen Weg. Er greift dabei auf WITTGENSTEINS Methode zur Einführung von Begriffen der Alltagssprache zurück. Nach WITTGENSTEIN wird der Begriff des *Spieles* am besten in der Weise eingeführt, daß man in einem ersten Schritt paradigmatische Beispiele von Spielen angibt und in einem zweiten Schritt erklärt, daß all das als Spiel zu gelten habe, was mit den als Paradigmen gewählten Spielen „hinreichend ähnlich“ ist, wobei man die unbehebbare Vagheit von „hinreichend ähnlich“ bewußt in Kauf nimmt. In Analogie dazu können die intendierten Anwendungen einer Theorie als solche Anwendungen „definiert“ werden, die gewissen *paradigmatischen Anwendungen* hinreichend ähnlich sind.

Die paradigmatischen Anwendungen von *KTM* sind: *das Sonnensystem mit seinen Teilsystemen, das Pendel, das Projektil, der harmonische Oszillator und die Gezeiten.* Diese Methode, die intendierten Anwendungen *I* zu bestimmen, bewirkt, daß I keine fest umrissene platonische Entität ist, sondern in allen Stadien der Theorieentwicklung eine offene Menge bleibt: Sie kann bei hartnäckigem Versagen der Theorie in gewissen, ursprünglich ins Auge gefaßten Bereichen jederzeit verkleinert werden, und sie kann andererseits auch jederzeit um neue Bereiche erweitert werden. Lediglich die paradigmatischen Anwendungen bleiben stets fester Bestandteil der intendierten Anwendungen. Bezeichnet man – wie im Strukturalismus üblich – die intendierten Anwendungen mit *I* und die paradigmatischen Anwendungen mit I_0, dann gilt stets: $I_0 \subseteq I$.

Das Theoretizitätskriterium von SNEED

Bislang wurden zwei Aspekte strukturalistischen Vorgehens bei der Rekonstruktion von Theorien skizziert: Erstens die axiomatische Beschreibung der mathematischen Grundstruktur einer Theorie mit Hilfe eines informellen mengentheoretischen Prädikats und zweitens die Methode der paradigmatischen Beispiele zur Bestimmung der intendierten Anwendungen einer Theorie. Beide Aspekte sind vollkommen unabhängig voneinander und müssen bei jeder Rekonstruktion von Theorien eigens untersucht werden. Es ist nicht möglich, die paradigmatischen Beispiele aus der mathematischen Grundstruktur abzuleiten – das hieße, den Unterschied zwischen mathematischer und empirischer Wissenschaft zu verkennen – es ist aber ebenfalls unmöglich, die mathematische Grundstruktur aus den paradigmatischen Beispielen abzuleiten, da diese auch „unstrukturiert“ wiedergegeben werden können (und i.a. gegeben sind). Ein dritter Aspekt strukturalistischen Vorgehens, der jetzt skizziert werden soll, ist die Unterscheidung von Funktionen (oder allgemeiner: Termen) in *theoretische* und *nicht-theoretische*. Nach SNEED kommen in allen hinreichend komplexen Theorien wie beispielsweise *KTM* Funktionen vor, die in dem Sinne kurios erscheinen, daß eine Bestimmung ihrer Werte nicht möglich ist, *ohne die Gültigkeit der Theorie bereits vorauszusetzen.* Sämtliche Meßverfahren für die korrespondierenden Größen entpuppen sich als geschickte Anwendungen der betreffenden Theorie. Dies ist bereits der Kern des SNEEDschen Theoretizitätskriteriums. In diesem, jeweils auf eine Theorie T zu relativierenden Kriterium werden die theoretischen Größen nicht negativ ausgezeichnet, z.B. als die nicht beobachtbaren, sondern positiv: Eine Größe ist *T-theoretisch*, wenn ihre Messung stets die Gültigkeit eben dieser Theorie T voraussetzt.

Nach dieser vorläufigen Begriffsbestimmung stellt sich sofort die Frage: Ist die Existenz solcher Terme nicht mit größten Schwierigkeiten verbunden, da – so gesehen – alle Meßverfahren epistemologisch zirkelhaft sind? Ehe diese Frage beantwortet wird, soll das SNEEDsche Theoretizitätskriterium am Beispiel der Theorie KTM erläutert werden:

Die Theoriebeladenheit von Messungen

Bereits oben bei der Diskussion zur Bestimmung der intendierten Anwendungen von KTM wurde erwähnt, daß der Versuch, das Prädikat KTM auf „empirisch gegebene" Entitäten anzuwenden, in einen epistemologischen Zirkel mündet. Eine solche empirisch gegebene Entität, ja sogar eine paradigmatische Anwendung von KTM, stellt ein frei fallender Körper, z.B. ein Apfel, dar. Ist „a" die Objektbezeichnung für den zur Erde fallenden Apfel, so lautet die Vermutung, daß es sich hier um eine klassische Teilchenmechanik handelt in informeller mengentheoretischer Sprechweise:

(I) a ist ein KTM

Dies ist scheinbar eine elementare empirische Behauptung. Doch der Schein trügt! Wäre nämlich (I) eine empirische Aussage, so müßte (I) *empirisch nachprüfbar* sein. Ohne die Möglichkeit, diese Aussage prinzipiell empirisch nachprüfen zu können, hätten wir kein Recht mehr, (I) empirisch zu nennen. Da in der Definition von KTM die Funktionen r (Ortsfunktion der Teilchen aus P), m (Masse) und f (Kraft) vorkommen und die Bestimmung 7 („zweites NEWTONsches Gesetz") überdies eine Behauptung bezüglich der Teilchen aus P enthält, welche die vorgenannten Funktionen benützt, müssen wir die r-, m- und f-Werte für die Objekte aus P, was hier nur der Apfel ist, ermitteln. In Bezug auf r bildet dies kein prinzipielles Problem, da wir davon ausgehen können, daß uns zur Messung z.B. ein Stroboskop oder ein Fotoapparat und ein Längenmaß zur Verfügung stehen, womit wir die Ortsfunktion des fallenden Apfels hinreichend genau bestimmen können. Anders verhält es sich mit der Masse m und der Kraft f. Um die (träge) Masse des Apfels zu bestimmen, müßte man diesen einer bekannten Kraft unterwerfen und die resultierende Beschleunigung über die Ortsfunktion ermitteln, um dann mit dem „zweiten NEWTONschen Gesetz" die Masse zu berechnen. Benennen wir den Apfel in dieser Meßsituation mit der Objektbezeichnung „b", dann stützt sich das Meßergebnis auf die folgende, als richtig unterstellte Behauptung:

(II) b ist ein KTM

Ähnlich ist die Situation, wenn wir den Wert der Kraftfunktion f ermitteln wollen, die auf den fallenden Apfel „a" wirkt. Wir könnten z.B. eine Schraubenfeder verwenden und mit Hilfe des HOOKschen Gesetzes ($f = k \cdot \Delta l$) die wirkende Kraft berechnen. Dazu müßten wir lediglich die sogenannte Federkonstante k kennen. Will man diese aber bestimmen, so muß man die Feder einer bekannten Kraft aussetzen und die dabei bewirkte Auslenkung Δl der Feder messen. Abgesehen von dem Problem, die auf die Feder wirkende Kraft ohne Benutzung des HOOKschen Gesetzes zu bestimmen, müßten wir auch sicherstellen, daß sich die Feder bei der Messung der Gewichtskraft des Apfels nicht in einem beschleunigten Bewegungszustand befindet, da dies das Meßergebnis nach dem „zweiten NEWTONschen Gesetz" beeinflussen würde. Oder positiv formuliert: Befinden sich Feder und Apfel in Ruhe, so ist die nach dem HOOKschen Gesetz bestimmte Kraft die einzige Kraft, die auf den Apfel wirkt. Insbesondere wirken keine Beschleunigungskräfte. Benennen wir die Schraubenfeder zusammen mit dem Apfel mit der Objektbezeichnung „c", dann stützt sich das Meßergebnis hier auf die folgende, als richtig unterstellte Behauptung:

(II') c ist ein KTM

Damit sind wir mit unseren Überlegungen bereits am Ende. Wir sind in einen *epistemologischen Zirkel* hineingeraten. Unser Ziel war, auf empirischem Wege herauszubekommen, ob (I) eine wahre Aussage ist. Wie sich gezeigt hat, können wir dieses Ziel nicht erreichen, *ohne eine andere Aussage bereits als wahr vorauszusetzen, die genau dieselbe Gestalt hat wie (I)*, nämlich die Aussage (II) bzw. (II'). Satz (II) unterscheidet sich von Satz (I) nur durch die Objektbezeichnung; das Prädikat ist dasselbe. Wenn wir (II) in Frage stellen, so wiederholt sich das Spiel von neuem: Um die Wahrheit von (II) auf empirischem Wege festzustellen, müssen wir die Wahrheit einer Aussage (III) *von genau derselben Gestalt* wie (II) bereits voraussetzen usw. Wir entgehen dem Zirkel nur dadurch, daß wir die Annahme preisgeben, von der wir ausgingen, nämlich daß (I) eine empirische Aussage ist. (I) ist also keine empirische Aussage.

Die Beschreibung der Zirkularität beinhaltet eine bestimmte Art und Weise, das Problem der theoretischen Terme im Sinn von SNEED aufzuzeigen. Die Formulierung dieses Problems wurde hier für KTM so gewählt, daß sie einen intuitiven Nachweis dafür liefert, daß die Größen f und m KTM-theoretische Größen darstellen. Denn genau dann liegt ja eine *in bezug auf eine Theorie* T theoretische Größe vor, wenn wir, um diese Größe zu messen, die Gültigkeit der Theorie voraussetzen müssen. Bei der Formulierung des epistemologischen Zirkels, in den wir hineingeraten, können wir stattdessen auch unmittelbar auf den Begriff der Kraft und den der Masse Bezug nehmen und das obige Beispiel als Begründung für die folgende Aussage verwenden: *Einerseits können wir die Masse eines Objekts und die auf das Objekt wirkende Kraft nicht bestimmen, solange wir nicht zumindest je eine erfolgreiche Anwendung der Theorie* KTM *gefunden haben. Andererseits können wir nicht entscheiden, ob wir auf eine erfolgreiche Anwendung der Theorie* KTM *gestoßen sind, solange wir nicht*

Kraft und Masse, die in dieser Anwendung vorkommen, bestimmt haben.

Der Begriff der Theoretizität von SNEED, der stets auf eine bestimmte Theorie T zu relativieren ist, dürfte damit für einleitende Erläuterungszwecke hinreichend klargestellt worden sein. Die T-theoretischen Terme werden durch ihre spezielle Rolle innerhalb der Theorie T ausgezeichnet: Sie können nur gemessen werden, sofern man bereits gültige Anwendungen von T kennt. Eine andere Fassung dieses Theoretizitätskriteriums, die von Balzer stammt, sei noch kurz erwähnt, da sie für das Verständnis des Sneedschen Begriffs der T-Theoretizität hilfreich sein dürfte. Der allgemeine Begriff, mit dem Balzer arbeitet, ist der Begriff des *Meßmodells.* Im obigen Beispiel wären die der Massen- bzw. Kraftbestimmung dienenden Entitäten b resp. c derartige Meßmodelle. Unter Verwendung dieses Begriffs können wir eine Größe t genau dann als *T-theoretisch im Sinn von* SNEED bezeichnen, *wenn jedes Meßmodell für t bereits ein Modell von T ist.*

Die RAMSEY-Lösung des Problems der theoretischen Terme

Der Nachweis der KTM-Theoretizität von f und m hat allerdings zugleich eine fatale Konsequenz des SNEEDschen Theoretizitätsmerkmals aufgezeigt: Diejenigen Aussagen, welche als die elementaren Aussagen intendiert sind, die man mit Hilfe des mathematischen Gerüstes einer Theorie machen kann, sind nachweislich nicht empirisch. Dies zeigt, daß man für das Problem der theoretischen Terme eine Lösung suchen muß.

Eine Lösung dieses Problems besteht grob gesprochen darin, die theoretischen Größen in Sätzen einer Theorie, die als *empirische* Aussagen intendiert sind, „existenziell wegzuquantifizieren", d.h. die theoretischen Größen durch Variable zu ersetzen und diese durch vorangestellte Existenzquantoren zu binden. Da diese Methode bereits in den zwanziger Jahren von F.P. RAMSEY entdeckt worden ist – und zwar als ein Verfahren, um eine Aussage mit theoretischen Termen durch eine solche zu ersetzen, in denen diese Terme nicht mehr vorkommen, die jedoch dieselbe empirische Leistungsfähigkeit hat wie jene –, nennt SNEED diese Methode die RAMSEY-*Lösung* des Problems der theoretischen Terme.

Am Beispiel des Satzes (I) sei dieses Verfahren erläutert. Dieser ist, wie wir schon feststellten, keine empirische Aussage. Es kommt also darauf an, (I) in eine Aussage zu transformieren, welche die (I) zugedachte empirische Leistungsfähigkeit erbringt, für die jedoch das Problem der theoretischen Terme zum Verschwinden gebracht worden ist. Dazu knüpfen wir an das darin vorkommende Prädikat KTM an. Da es die theoretischen Größen sind, die uns Schwierigkeiten bereiten, bilden wir daraus ein neues Prädikat, welches in dem Sinn bloß ein fragmentarisches Bruchstück von „KTM" ist, als darin alle Bestimmungen weggelassen sind, in denen theoretische Größen vorkommen. Dafür ist offenbar ein radikalerer Einschnitt erforderlich als beim Übergang von „KTM" zu „KTM_p", bei welchem wir nur das eigentliche Gesetz 7 der Theorie wegließen. Wir haben uns an früherer Stelle davon überzeugt, daß die Funktionen f und m KTM-theoretisch sind. Also müssen wir auch noch die Bestimmungen 6 und 5 in der Definition von KTM weglassen. Die Extension dieses neuen Prädikats besteht nicht mehr aus den potentiellen Modellen von KTM, sondern nur mehr aus Fragmenten von solchen; denn f und m kommen darin nicht mehr vor. Die Elemente der Extension nennt man *partielle potentielle Modelle* von KTM; gelegentlich kürzt man diese etwas umständliche Bezeichnung durch *partielle Modelle* ab. Explizit ist das neue Prädikat „KTM_{pp}" wie folgt definiert:

> $\langle P, S, T, r, \mathbf{R}\rangle$ heißt *partielle potentielle klassische Teilchenmechanik* (kurz: KTM_{pp}) genau dann, wenn gilt:
>
> 1. P ist eine endliche, nicht-leere Menge
> 2. $S \subset \mathbf{R}^3$
> 3. $T \subset \mathbf{R}$
> 4. $r : P \times T \mapsto S$ ist eine zweimal stetig differenzierbare Funktion in ihrem zweiten Argument

Die Extension dieses Prädikats bezeichnet man mit $M_{pp}(KTM)$:

$$M_{pp}(KTM) := \{x | x \text{ ist ein } KTM_{pp}\}$$

Die empirische Behauptung einer Theorie (I)

Kehren wir jetzt wieder für einen Augenblick zur Aussage (I) zurück. Sie kann zunächst als bejahende Antwort auf die Frage aufgefaßt werden, ob das potentielle Modell a den Bedingungen der Theorie KTM genügt. Da uns die theoretischen Größen Schwierigkeiten bereiten, ersetzen wir a durch das „nicht-theoretisch beschreibbare Fragment" e von a, welches übrig bleibt, wenn man die theoretischen Größen „wegschneidet". Wir ersetzen dazu das potentielle Modell a durch das daraus nach Anwendung einer Entfernungsoperation entstehende partielle potentielle Modell e. Wir nennen die so reduzierte Entität e eine *empirische Struktur*. Dann ersetzen wir die ursprüngliche Frage durch die für diese Struktur analoge Frage: Genügt die empirische Struktur e den Bedingungen der Theorie?

Aber was könnte das bedeuten? Wir müssen dieser Frage erst einen genauen Sinn verleihen. Denn auf der einen Seite kommen in e die theoretischen Größen überhaupt nicht vor, während auf der anderen Seite die Theorie gerade diesen Größen bestimmte Bedingungen auferlegt. Trotzdem ist klar, was allein damit gemeint sein kann. Man erkennt dies am besten, wenn man diejenigen Fälle betrachtet, in denen die Frage negativ zu beantworten ist: Hier gibt es keine Möglichkeit, die empirische Struktur oder das partielle Modell e auf solche Weise durch theoretische Größen zu ergänzen, daß das durch diese Ergänzung entstandene potentielle Modell das Fundamentalgesetz erfüllt, also zu einem Modell der Theorie wird. Im bejahenden Fall hingegen *gibt es* eine solche theoretische Ergänzung: die empirische Struktur e steht *partiell (teilweise)* mit der Theorie im Einklang. Dies liefert übrigens eine nachträgliche Rechtfertigung für die Benennung der neuen Menge M_{pp}.

Für unser Beispiel des fallenden Apfels können wir exakt angeben, wodurch sich e von a unterscheidet. Eine genaue Charakterisierung des Designates von „a“ würde neben der Ortsfunktion r des fallenden Apfels auch die Masse m sowie die auf ihn wirkende Kraft f enthalten. Eine genaue Charakterisierung des Designates von „e“ enthielte dasselbe, *mit Ausnahme der Massen- und der Kraftfunktion, die ersatzlos gestrichen werden.* Und an die Stelle von (I) soll jetzt die Behauptung treten, daß diese empirische Struktur e auf solche Weise zu einem potentiellen Modell ergänzt werden kann, daß sich dieses sogar als ein Modell der Theorie erweist.

Diesen Begriff der theoretischen Ergänzung wollen wir für das Beispiel des fallenden Apfels ebenso präzise definieren wie die drei Prädikate, als deren Extensionen wir die Mengen M, M_p und M_{pp} gewonnen haben. Wir führen den Begriff als eine zweistellige Relation ein.

> $x = (P, S, T, r, m, f, \mathbf{R})$ *ist eine theoretische Ergänzung von* $y = (P, S, T, r, \mathbf{R})$ *bezüglich des Prädikats* „KTM_{pp}“ bzw. *bezüglich der Menge* $M_{pp}(KTM)$ (kurz geschrieben: $xE_{M_{pp}(KTM)}y$) genau dann, wenn gilt:
>
> 1. $y \in M_{pp}(KTM)$
> 2. $x \in M_p(KTM)$

Die Aussage (I), welche ursprünglich als elementare empirische Aussage intendiert war, ersetzen wir nun durch die folgende:

$$\text{(III)}\ \exists x(xE_{M_{pp}(KTM)}e \wedge x \in M(KTM))$$

Oder umgangssprachlich: „Es gibt eine theoretische Ergänzung x von e, die ein Modell ist, auf die also das Prädikat ‚KTM‘ zutrifft“. Zu beachten ist hierbei, daß e als partielles potentielles Modell der Theorie KTM vorausgesetzt wird. Dies braucht in (III) nicht ausdrücklich gesagt zu werden, da es Bestandteil der Ergänzungsrelation ist.

Man kann sich leicht davon überzeugen, daß uns die Aussage (III), zum Unterschied von der Aussage (I), nicht mehr in den beschriebenen epistemologischen Zirkel hineinzwingt. Um (I) zu verifizieren, hätten wir zunächst die in a vorkommende Kraft bzw. Masse ermitteln und dann überprüfen müssen, ob sie zusammen mit der Ortsfunktion das zweite NEWTONsche Gesetz erfüllen. In (III) jedoch wird die Entität a überhaupt nicht erwähnt. Und an die Stelle der, wie wir konstatieren mußten, empirisch nicht zu lösenden Aufgabe, die Masse und die Kraft in einer von der gegenwärtigen Theorie unabhängigen Weise zu ermitteln, um über Vorliegen oder Nichtvorliegen von $a \in M$ zu entscheiden, tritt jetzt die *rein logisch-mathematische Aufgabe*, eine solche Ergänzung x von e anzugeben, so daß $x \in M(KTM)$ gilt. Sobald diese Angabe geglückt ist, hat man (III) empirisch verifiziert. Daher sind wir berechtigt, die Aussage (III), zum Unterschied von (I), als *empirische* Aussage zu betrachten. Und da diese Aussage jetzt genau die Stelle einnimmt, die ursprünglich der Aussage (I) zugedacht war, dürfen wir Aussagen von der Gestalt (III) als *die empirischen Aussagen von einfachster Gestalt* betrachten, die wir mit Hilfe der Theorie KTM produzieren können. Alle derartigen Aussagen haben RAMSEY-*Form*; denn sie beginnen mit einem Präfix von Existenzquantoren (nämlich mit mindestens einem solchen Quantor) und enthalten die theoretischen Größen nur mehr als gebundene Variable.

Die Mengentheoretische Präzisierung des strukturalistischen Theoriebegriffes

Auf der Basis der bis jetzt gewonnenen Ergebnisse zur Rekonstruktion einer empirischen Theorie können wir einen ersten Versuch wagen, den strukturalistischen Theoriebegriff zu präzisieren. Wie schon mehrfach festgestellt wurde, besitzt die strukturalistische Beschreibung einer Theorie zwei Aspekte: die mathematische Struktur einerseits und den empirischen Bezug andererseits. Der empirische Bezug wird durch die Menge I der intendierten Anwendungen erfaßt, die mathematische Struktur durch das die Theorie ausdrückende mengentheoretische Prädikat T. Weiterhin konnten wir feststellen, daß die Funktionen, die in der axiomatischen Beschreibung der Theorie auftreten, in T-theoretische und nicht-T-theoretische unterscheidbar sind. Die Probleme, die sich durch die T-theoretischen Funktionen ergaben, konnten wir durch die Einführung der partiellen potentiellen Modelle und unter Verwendung der RAMSEY-Lösung beseitigen. Zur vollständigen Beschreibung einer empirischen Theorie gehören folglich (mindestens) noch die Definitionen der Prädikate der potentiellen Modelle und der partiellen potentiellen Modelle, die sich ja genau in den theoretischen Funktionen unterscheiden. Die mathematische Struktur, die im strukturalistischen Theorienkonzept als *Theorie-Kern* K bezeichnet wird, kann somit vorläufig als Tripel der genannten Prädikate formal präzisiert werden. Nun hat es sich aber eingebürgert, nicht die Prädikate, sondern deren Extensionen zu nennen, so daß wir vorläufig festhalten können:

$$K = (M_p, M, M_{pp})$$

Die gesamte Theorie T selbst stellt sich nun als Tupel dar, bestehend aus dem Theorie-Kern K und den intendierten Anwendungen I:

$$T = (K, I)$$

Momentan stehen die beiden Komponenten K und I noch beziehungslos nebeneinander. Wie sich im Verlauf der Diskussion der Aussage (I) und ihrer Ersetzung durch (III) ergeben hat, können wir zwar die intendierten Anwendungen nicht unter das *gesamte* Begriffsgerüst der Theorie subsumieren, da das letztere auch Bestimmungen über die theoretischen Größen enthält. Dagegen müssen die intendierten Anwendungen *als partielle potentielle Modelle* der Theorie *deutbar* sein, um sie zu potentiellen Modellen und zu Modellen ergänzen zu können. Die Menge I muß somit als Teilmenge von M_{pp} konstruierbar sein, so daß der obigen Charakterisierung von T noch die Bedingung hinzuzufügen ist:

$$I \subseteq M_{pp}.$$

Wenden wir uns nun noch einmal Aussagen der Gestalt (III) zu und veranschaulichen uns den damit beschriebenen Sachverhalt. Würde das axiomatische Verfahren in den Erfahrungswissenschaften gemäß den ursprünglichen empiristischen Vorstellungen vonstatten gehen, so würde man keinen Umweg über theoretische Begriffe nehmen müssen. Technisch gesprochen: Die Mengen M_p und M würde man *überhaupt nicht* benötigen, sondern vielmehr *direkt* auf der Stufe der M_{pp}'s ansetzen. Und die ganze Leistung der Theorie T würde sich auf die beiden Aufgaben reduzieren, erstens durch geeignete Axiome eine „hinreichend enge" Teilklasse von M_{pp} auszuzeichnen und zweitens zu behaupten, daß die Elemente von I alle in dieser Teilklasse liegen. Die

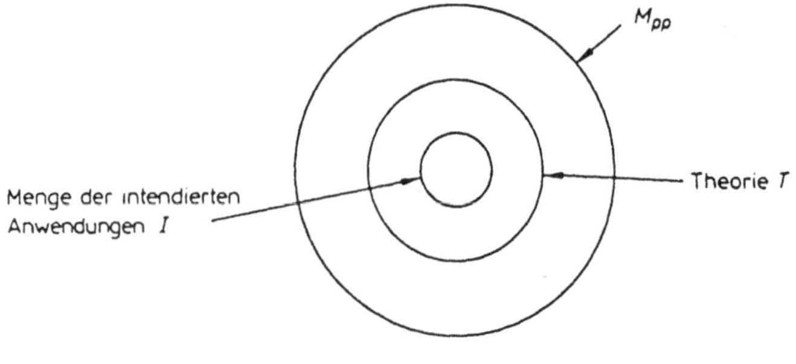

Abbildung 1.1

im größten Kreis der Abb. 1.1[17] liegenden Punkte repräsentieren hier partielle Modelle. Jeder in I liegende Punkt steht für eine intendierte Anwendung. Und die im Kreis T liegenden Punkte symbolisieren diejenigen Elemente aus M_{pp}, die den durch die Axiome der Theorie auferlegten einschränkenden Bedingungen genügen. Stegmüller bezeichnet ein derartiges Verfahren als eine *direkte* Axiomatisierung (s. [Stegmüller, 3. Teilbd, S. 48]).

Sobald empirische Theorien ein gewisses Reifestadium erreicht haben, verfahren sie nicht mehr in dieser Weise. Für eine solche Theorie T spielen T-theoretische Begriffe eine Schlüsselrolle. Der Versuch, das Funktionieren einer solchen „modernen" Theorie zu veranschaulichen, muß daher von zwei Ebenen, einer *nicht-theoretischen* Ebene und einer *theoretischen* Ebene, Gebrauch machen. In Abbildung

[17] Vgl. [Stegmüller, 3. Teilbd., Fig.1-1].

1.2[18] ist die obere Ebene als die theoretische zu sehen und die untere als die nicht-theoretische. Die Menge der potentiellen Modelle M_p liegt deshalb in der oberen, die der partiellen in der unteren Ebene. Aus jedem potentiellen Modell geht durch Weglassung der theoretischen Komponenten ein partielles Modell hervor. Wir können diesen

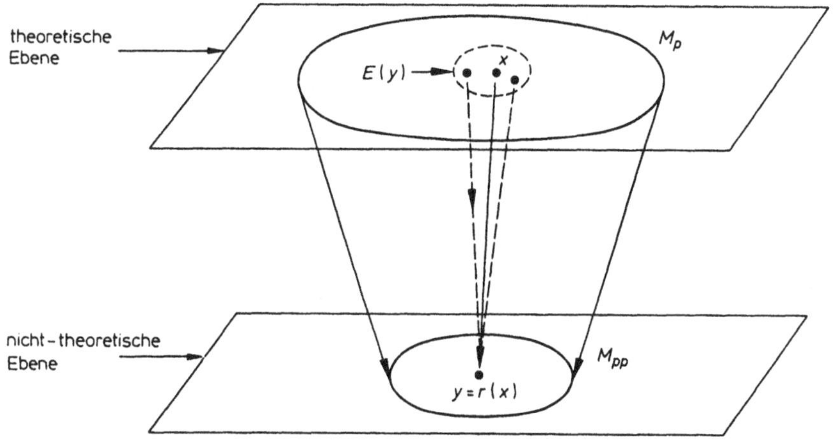

Abbildung 1.2

Prozeß der Entfernung der theoretischen Komponenten so deuten, daß er durch eine Funktion bewerkstelligt wird. Sie heiße *Restriktionsfunktion* r: $M_p \mapsto M_{pp}$ und hat M_p als Definitions- und M_{pp} als Zielmenge. Im Fall der Theorie KTM würde r, angewendet auf ein potentielles Modell $x = (P, S, T, r, m, f, \mathbf{R})$, das entsprechende partielle Modell $y = (P, S, T, r, \mathbf{R})$ erzeugen. Gilt $y = r(x)$, so nennen wir das partielle Modell y ein *Redukt* des potentiellen Modells x. Der punktierte Kreis in der theoretischen Ebene von Abbildung 1.2, der x umschließt, soll andeuten, daß ein und dasselbe y das Redukt von zahlreichen, im Prinzip sogar von unendlich vielen potentiellen Modellen sein kann. Deren Menge ist oben durch „$E(y)$" symbolisiert, was etwa gelesen werden kann als: „die Menge der theoreti-

[18]Vgl. [Stegmüller, 3. Teilbd.,Fig. 1-2].

schen Ergänzungen von y". Die Funktion E ist also einfach definiert durch: $E(y) := \{x|x \in M_p \wedge r(x) = y\}$. Wegen der Tatsache, daß stets mehrere Elemente aus M_p dasselbe Redukt besitzen, ist hier und im folgenden der M_p-Kreis oben größer gezeichnet als der entsprechende M_{pp}-Kreis unten. Die Theorie und ihre Leistungen sind in dieses zweite Bild noch gar nicht eingetragen. In Abbildung 1.3[19] ist das nachgeholt. Die Theorie setzt hier nicht, wie gemäß der in

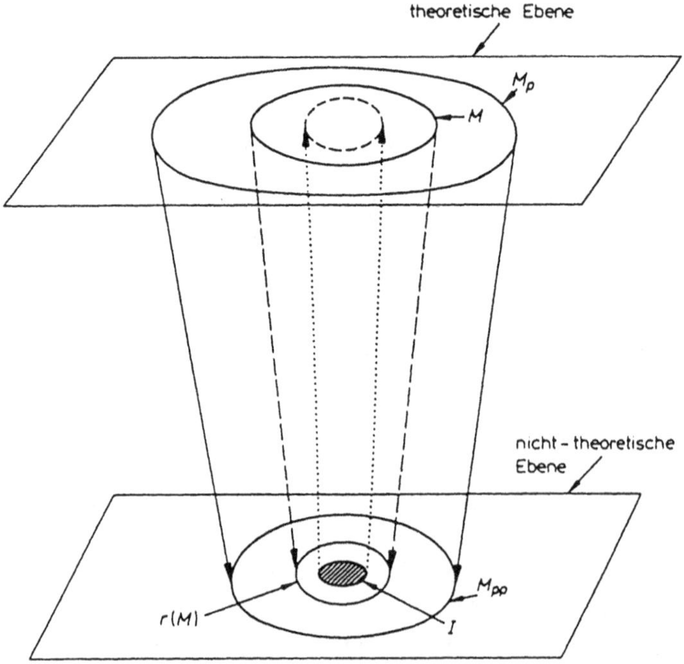

Abbildung 1.3

Abbildung 1.1 fingierten naiv-empiristischen Denkweise, in der unteren Ebene, sondern in der oberen Ebene an. *Sie schränkt nicht bereits die Menge M_{pp}, sondern erst die Menge von deren theoretischen Ergänzungen, also M_p, zu der Klasse der Modelle M ein.* Wenn wir

[19]Vgl. [Stegmüller, 3. Teilbd.,Fig. 1-3].

auf diese Menge die Operation r anwenden[20], so erhalten wir als Redukt eine Fläche auf der nicht-theoretischen Ebene, die I vollständig einschließt: $I \subseteq r(M)$.

Wenn wir nun den Inhalt des Satzes (III), bzw. allgemein: eines Satzes von dieser Gestalt, gemäß Abbildung 1.3 veranschaulichen, so müssen wir davon ausgehen, daß wir mit e als einem Element von I beginnen. Von diesem e wird behauptet, daß es eine theoretische Ergänzung x besitzt (in der Symbolik von Abb. 1.2: daß ein Element von $E(e)$ existiert), welche überdies ein Modell der Theorie, also ein Element von M ist.

Die durch Abb. 1.3 veranschaulichte Aussage

(i) $I \subseteq r(M)$

enthält wesentlich mehr als dieses Analogon zu (III), nämlich eine summarische Zusammenfassung *aller* dieser Aussagen. Für jede einzelne dieser Aussagen müssen wir, wie wir dies für e taten, von *bestimmten*, durch einen innerhalb von I liegenden Punkt auf der unteren Ebene repräsentierten Element von I ausgehen, um einen „entsprechenden" Punkt auf der oberen Ebene zu finden, der in M liegt. In (i) sind sämtliche Aussagen dieser Gestalt zusammengefaßt, was in Abb. 1.3 seinen Niederschlag darin findet, daß *die ganze Fläche*, welche die Menge I symbolisiert, innerhalb von $r(M)$ liegt, umgangssprachlich reproduzierbar etwa als: „Sämtliche Anwendungen besitzen Ergänzungen, welche Modelle der Theorie sind."

Gegenüber der in Abb. 1.1 wiedergegebenen *direkten* Axiomatisierung bezeichnet STEGMÜLLER dieses raffinierte Verfahren, welches einen Umweg über theoretische Komponenten nimmt, als *indirekte Axiomatisierung*: Die nicht-theoretischen Daten aus I werden mittels der Theorie nicht direkt dadurch erfaßt, daß man den Elementen aus M_{pp} selbst axiomatische Einschränkungen auferlegt, sondern sie werden indirekt dadurch in den Anwendungsbereich der Theorie einbezogen, daß *theoretische Ergänzungen* der Elemente aus M_{pp}, also Elemente aus M_p (obere Ebene), axiomatischen Einschränkungen

[20] $r(M) = \{r(m) | m \in M\}$

unterworfen werden und dadurch M_p zu M verkleinert wird, wobei dann erst das Redukt $r(M)$ von M alle nicht-theoretischen Daten aus I einschließt.

Mit dem Stadium der Analyse, das wir jetzt erreicht haben, sind einer Theorie $T = (K, I)$ empirische Aussagen von der Gestalt (III) zugeordnet, die zusammen alles ausdrücken, „was die Theorie über die Elemente von I auszusagen hat". Wie wir auch gesehen haben, kann der Inhalt der Gesamtheit all dieser Aussagen durch *einen* Satz (i) wiedergegeben werden.

Die Constraints

Leider müssen wir sogleich die Behauptung einschränken, daß die Aussagen der Gestalt (III) *alles* ausdrücken würden, was die Theorie über ihre intendierten Anwendungen auszusagen hat. Die bisherige Darstellung des strukturalistischen Konzeptes weist nämlich noch ein wesentliches Defizit auf, das so mancher Leser vielleicht schon bei der Formulierung von (III) ahnte: *Jede* Erweiterung der intendierten Anwendung, die das Fundamentalgesetz der Theorie erfüllt, würde die empirische Behauptung (III) bestätigen. Die theoretischen Funktionen sind in der jetzigen Darstellung des strukturalistischen Theorienkonzeptes „zu frei" wählbar. Ein und demselben Gegenstand, der in unterschiedlichen Modellen der klassischen Teilchenmechanik vorkommt, könnte mal diese Masse – mal jene Masse zugesprochen werden. Entscheidend ist ja nur, daß das Fundamentalgesetz erfüllt wird. Danach erübrigten sich aber Messungen theoretischer Größen völlig. Weshalb sollte man die auf den fallenden Apfel wirkende Kraft und seine Masse bestimmen, wenn man auch ohne Messung (unendlich viele) Wertepaare (m, f) angeben kann, für die $\frac{f}{m} = a$ gilt?

Andererseits zeigt sich gerade darin, daß man die Werte, die durch Messungen bestimmt wurden, in anderen Anwendungen verwendet, daß die theoretischen Größen durch weitere Gesetze zu charakterisieren sind. Schließlich ist aus dem zweiten NEWTONschen Axiom nicht ableitbar, daß die Masse des fallenden Apfels denselben Wert hat, wie die, die bei einer Messung bestimmt wurde. Wir kommen also nicht umhin, ein weiteres Gesetz zu formulieren: Die Massenfunktion ist eine *konservative* Größe, was heißen soll, daß in allen Anwendungen, in denen ein bestimmter Gegenstand vorkommt, diesem immer dieselbe Masse zugeschrieben wird. Es liegt nun der Gedanke nahe, solche Äußerungen wie die genannte für Formulierungen spezieller Naturgesetze, und zwar sogar recht einfacher Naturgesetze, anzusehen.

Sobald man auch hier versucht, auf die geschilderte mengentheoretische Behandlung zurückzugreifen, tritt klar zutage, daß es sich um etwas anderes handeln muß. Das Fundamentalgesetz einer Theorie hatten wir durch die Menge M repräsentiert. Diese Menge wurde als eine Teilmenge von M_p eingeführt. Jedes Gesetz M, so könnte man daher sagen, schließt gewisse potentielle Modelle aus, nämlich genau die Elemente der Differenzmenge $M_p \setminus M$. Ein Gesetz wie jenes, das die Massenfunktion als konservative Größe kennzeichnet, schließt hingegen nicht eine Teilmenge aus M_p aus, sondern eine *Menge von* solchen Teilmengen; es verbietet also im Unterschied zum Fundamentalgesetz nicht bestimmte Elemente aus M_p, sondern gewisse Kombinationen von Elementen aus M_p. Im strukturalistischen Konzept bezeichnet man solche „Gesetze“ daher als *Constraints C* oder *Querverbindungen*. Man könnte auch sagen, daß es sich bei den Querverbindungen um „Gesetze höherer Allgemeinheitsstufe“ handle, da das, was sie verbieten (bzw. zulassen), um eine mengentheoretische Stufe höher liegt als das, was durch gewöhnliche Gesetze ausgeschlossen (bzw. zugelassen) wird.

Wie aber sind die Constraints mengentheoretisch zu charakterisieren? Gehen wir nun intuitiv so vor, daß wir fragen, was durch C ausgeschlossen werden soll. Sicherlich nicht einzelne Modelle. Um solche zu verbieten, genügt die Aufstellung von (Fundamental-)Gesetzen. Also *Kombinationen von* Modellen? Dies trifft die Sache schon eher. Doch ist es nicht nötig, erst bei den Modellen anzusetzen. Constraints können bereits früher, nämlich bei Mengen von *möglichen* Modellen eingreifen. Die Natur des Fundamentalgesetzes einer Theorie ist nämlich für die Constraints ohne Belang. Um behaupten zu können, daß die Masse eine konservative Größe oder daß sie eine extensive

Größe ist, braucht man nicht auf das zweite NEWTONsche Axiom zurückzugreifen. Der Sinn dieser Äußerungen bliebe genau derselbe, wenn dieses Axiom einen ganz anderen Inhalt hätte. Es genügt somit, daß Constraints Kombinationen von möglichen Modellen oder, extensional gesprochen, Mengen von solchen ausschließen. Dies scheint eine recht abstrakte Charakterisierung zu sein. Aber sie trifft eine Intention wie die, welche wir z.B. innerhalb der Theorie KTM mit der Konservativität der Massenfunktion verknüpften. Danach sollen z.B. Mengen von möglichen Modellen KTM ausgeschlossen werden, so daß *einem* derartigen potentiellen Modell der Apfel die Masse m_1 hat, in einem *anderen* hingegen die *davon verschiedene* Masse m_2. Solches soll also verboten werden.

Die allgemeine Struktur von C kann somit in der Weise angegeben werden, daß C eine Teilmenge der Potenzmenge von M_p ist: $C \subseteq Pot(M_p)$.[21] Um gewisse drohende Absurditäten auszuschließen, fordern wir ferner, daß die leere Menge kein Element von C sein soll: $\emptyset \notin C$. Um schließlich zu garantieren, daß C tatsächlich nur *Kombinationen von* möglichen Modellen ausschließt und nicht einzelne mögliche Modelle, fordern wir, daß die Einermenge jedes Modells in C enthalten ist: Für alle $x \in M_p$ soll $\{x\} \in C$ gelten. Ohne diese Zusatzbestimmung würden wir Gefahr laufen, daß die Grenze zwischen Constraints und Gesetzen verschwimmt; denn der Ausschluß isoliert betrachteter möglicher Modelle ist gerade die Aufgabe von Gesetzen. Wenn alle diese eben genannten Bedingungen erfüllt sind, sagen wir, daß C *Constraints für* M_p seien.

In KTM ist die Massenfunktion konservativ und extensiv. Letzteres heißt, daß die Masse eines Gegenstandes, der durch die Verbindung von zwei anderen Gegenständen entstanden ist, gleich der Summe dieser beiden ist. Die Constraints für KTM (eigentlich: für $M_p(KTM)$ sind nun wie folgt definiert:

[21] Unsere bisherige Sprechweise hätte auch zugelassen, daß C als eine Menge von *Aussagen über Mengen von potentiellen Modellen* präzisiert wird. In Anlehnung an unser Vorgehen bei den Modellen und potentiellen Modellen wollen wir C jedoch als die Extension solcher Constraintsbedingungen definieren.

Constraints, C(KTM): $X \in C(KTM) \Leftrightarrow \emptyset \neq X \subseteq M_p(KTM)$ und für alle $x_1, x_2 \in X$ gilt:

1. $p \in P_{x_1} \cap P_{x_2} \Rightarrow m_{x_1}(p) = m_{x_2}(p)$
2. (a) Es existiert $\circ : P \times P \mapsto P$ mit $P = \bigcup\{P_x \mid x \in M_p(KTM)\}$
   (b) Für alle $p, p' \in P_{x_1}$ gilt: $p \circ p' \in P_{x_1} \Rightarrow m_{x_1}(p \circ p') = m_{x_1}(p) + m_{x_1}(p')$.
3. $(p \in P_{x_1} \cap P_{x_2} \wedge t \in T_{x_1} \cap T_{x_2}) \Rightarrow f_{x_1}(p,t) = f_{x_2}(p,t)$.

Im Unterschied zu früher identifizieren wir jetzt den Kern K einer Theorie nicht mit einem Tripel, sondern mit einem Quadrupel

$$K = \langle M_p, M, M_{pp}, C \rangle.$$

Dabei seien die ersten drei Glieder charakterisiert wie früher und C enthalte die Constraints für M_p. Die Menge I der intendierten Anwendungen übernehmen wir ebenfalls von früher, so daß wir als verbesserte Approximation für den Begriff der Theorie wieder das Paar $T = \langle K, I \rangle$ erhalten, K aber dabei das eben eingeführte Quadrupel ist.

Die empirische Behauptung einer Theorie (II)

Wie sieht nun die empirische Behauptung dieser Theorie T aus? Worauf es uns jetzt ankommt, ist die Ersetzung der Aussage (i) durch eine kompliziertere Behauptung, die auch die Constraints berücksichtigt (und die daher, wie wir sehen werden, eine einzige, unzerlegbare Aussage bildet, ganz im Gegensatz zu (i), die wir als bloße summarische Zusammenfassung so vieler Einzelaussagen ansehen konnten, als es intendierte Anwendungen gibt).

Wir knüpfen dazu an die Abbildung 1.3 an, also an die Vorstellung von den beiden Ebenen, wobei wieder die nicht-theoretische Ebene unten und die theoretische Ebene oben eingetragen sei. In einem ersten Schritt erhöhen wir die in diesem Bild veranschaulichten Entitäten um eine mengentheoretische Stufe. (Der Grund für diese

Maßnahme wird sofort einleuchten.) Im zweiten Schritt tragen wir auf der oberen, theoretischen Ebene noch die Constraints ein. Wir gelangen dadurch zu dem Bildschema Abb.1.4[22]. Wir erläutern das weitere Vorgehen anhand dieses Schemas. Zunächst zur Erhöhung

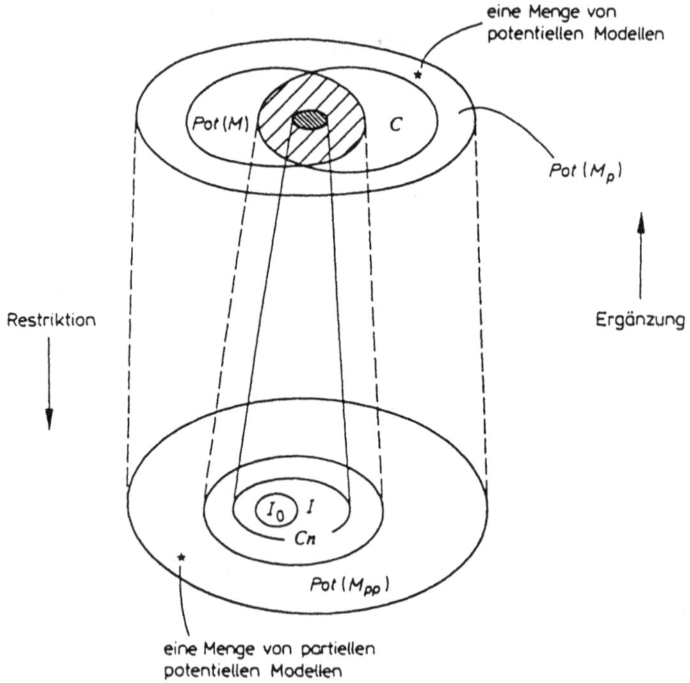

Abbildung 1.4

der mengentheoretischen Stufe. Nur dadurch wird es uns möglich, auf der oberen Ebene einen *Durchschnitt* mit der Menge C zu bilden: C enthält ja, wie wir feststellten, als Elemente nicht einzelne Modelle, sondern ganze Mengen von solchen. Also müssen wir von M_p zur Menge $Pot(M_p)$ übergehen, die ebenfalls *Mengen von* möglichen Modellen als Elemente enthält, um die Operation des Durchschnittes

[22]Vgl. [Stegmüller, 3. Teilbd.,Fig. 2-1].

anwenden zu können. Die schräge, gestrichelte Fläche bildet diesen Durchschnitt. Um sie richtig zu interpretieren, muß man sich vor Augen halten, daß einzelne Punkte innerhalb des äußersten Kreises auf der oberen Fläche nun nicht mehr, wie in Abb.1.3, potentielle Modelle repräsentieren, sondern Mengen von potentiellen Modellen. Die Eigenschaften derjenigen unter diesen Mengen, die zur gestrichelten Fläche gehören, können wir sofort angeben: Es sind genau diejenigen Mengen potentieller Modelle, die einerseits Elemente von $Pot(M)$ und andererseits Elemente von C bilden. Das erste besagt nichts anderes, als daß die Elemente dieser Mengen ausnahmslos Modelle sind, also das Fundamentalgesetz der Theorie erfüllen (denn die Elemente von solchen Mengen, welche Elemente von $Pot(M)$ bilden, sind Elemente von M). Das zweite besagt, daß die zu einer solchen Menge gehörenden möglichen Modelle die Constraintsbedingungen erfüllen. Um eine Verbindung mit der nicht-theoretischen unteren Ebene herstellen zu können, müssen wir zunächst auch hier die Potenzmengenoperation anwenden, so daß der äußerste Kreis jetzt nicht mehr Elemente aus M_{pp} enthält, wie in Abb. 1.3, sondern *Mengen von* partiellen Modellen. Damit auch die übrigen Teile des Bildes unten stimmen, gehen wir, im Gegensatz zum Vorgehen bei (i), bei der Wiedergabe der Voraussetzung über das Verhältnis von I und M_{pp} nicht von $I \subseteq M_{pp}$ aus, sondern von $I \subseteq Pot(M_{pp})$. Inhaltlich bedeutet dies, daß I nicht aus einzelnen Anwendungen besteht, sondern aus „artmäßigen" Zusammenfassungen von solchen. Jetzt gehen wir daran, die oben eingezeichneten Flächen nach unten zu projizieren. Dazu benutzen wir wieder, ähnlich wie in (i), die Restriktionsfunktion r. Dasjenige, worauf diese Funktion anzuwenden ist, haben wir eben genau beschrieben, nämlich als die Menge $Pot(M) \cap C$. Bezeichnen wir das Resultat der Anwendung dieser Operation mit $Cn(T)$ (*empirischer Gehalt*, Content), so gilt also:

$$Cn(T) = r(Pot(M) \cap C)$$

Wenn wir das Ergebnis dieser Operation im Bild betrachten, so erhalten wir den ersten Kreis innerhalb von $Pot(M_{pp})$; die gestrichelte Linie, welche von der den Durchschnitt $Pot(M) \cap C$ repräsentierenden

Fläche nach unten führt, soll gerade anzeigen, daß wir bei Anwendung von r genau *diesen* unteren Kreis erhalten. Die globale empirische Aussage, die dem Theorie-Element $T = \langle K, I \rangle$ entspricht, lautet:

(ii) $I \subseteq Cn(T)$.

Zur Interpretation von (ii) greifen wir auf das Bild zurück, nehmen aber den umgekehrten Weg gegenüber dem, welchen wir eingeschlagen haben, um zu (ii) zu gelangen, d.h. wir steigen im Bild nicht von oben nach unten, sondern umgekehrt von unten nach oben. Und zwar nehmen wir unseren Ausgangspunkt bei I. Danach besagt (ii) folgendes:

> *Die Menge der intendierten Anwendungsarten, welche die Menge der paradigmatischen Anwendungsarten als Teilmenge enthält, kann durch Hinzufügen von T-theoretischen Funktionen zu ihren Elementen auf solche Weise zu einer Menge möglicher Modelle ergänzt werden, daß jedes dieser möglichen Modelle sogar ein Modell ist und außerdem alle Constraintsbedingungen für die Menge M_p erfüllt sind.*

Die Spezialisierungen einer Theorie

Die durch die Querverbindungen eingeführten Einschränkungen, welche theoretischen oder nicht-theoretischen Größen auferlegt werden, bilden nur *eine* Möglichkeit, den empirischen Gehalt einer Theorie zu verstärken, d.h. $Cn(T)$ zu verkleinern. Eine zweite Möglichkeit besteht in der Hinzufügung spezieller Gesetze. Um den Grund dafür einzusehen, von dem Fundamentalgesetz einer Theorie spezielle Gesetze zu unterscheiden, die ebenfalls zur Theorie gehören, gehen wir am zweckmäßigsten auf die bislang eingeführten Begriffe zurück. Das eine Theorie ausdrückende mengentheoretische Prädikat enthält das Fundamentalgesetz dieser Theorie. Sofern in den präsystematischen Formulierungen der Theorie mehrere Gesetze vorkommen, so kann man diese konjunktiv zusammenfassen und sie nach erfolgter Zusammenfassung als *eine* definitorische Bestimmung des Prädikats verwenden. Die Rede von *dem* Fundamentalgesetz ist daher sinnvoll. Wodurch aber ist diese Rede überhaupt gerechtfertigt? Vor allem dadurch, daß dieses Gesetz *in allen intendierten Anwendungen*, also in ganz I gelten soll. Spezialgesetze sind demgegenüber dadurch charakterisiert, daß sie *nur in gewissen, aber nicht in sämtlichen intendierten Anwendungen* gelten.

Wenn man damit beginnt, daß die an einer Schraubenfeder schwingende Masse eine klassische Teilchenmechanik sei, um dann mit dem HOOKschen Gesetz fortzufahren, so nimmt man dabei eine gedankliche Ergänzung vor. Man setzt nämlich voraus, daß die Bewegung der schwingenden Masse nur durch die Federkraft bestimmt ist, die dem HOOKschen Gesetz genügt. Diese Kraft wirkt zwischen dem Aufhängungspunkt der Feder und dem schwingenden Objekt nur entlang einer geraden Verbindungslinie und ist proportional zum Abstand des Objekts von seiner Ruhelage. Das HOOKsche Gesetz ist ein typisches Spezialgesetz. In anderen Anwendungen der klassischen Teilchenmechanik, z.B. der Himmelsmechanik, herrschen Kräfte, die dem Gravitationsgesetz NEWTONs genügen.

Wie kann man die Methode der mengentheoretischen Prädikate benützen, um außer dem Fundamentalgesetz auch Spezialgesetze in den Griff zu bekommen? Die Antwort (von SNEED) ist verblüffend einfach: *Durch geeignete Verschärfungen des die Theorie ausdrückenden mengentheoretischen Prädikats!* Ganz analog, wie man bei Anwendung dieser Methode das Fundamentalgesetz dadurch zur Geltung bringt, daß man es zum Bestandteil der Definition des die Theorie ausdrückenden Prädikats macht, kann man ein Spezialgesetz bei Weiterführung dieses methodischen Ansatzes in der Weise einführen, daß man es als *zusätzliche definitorische Bestimmung* zum vorgegebenen Prädikat hinzufügt. Was auf diese Weise gewonnen wird, kann als *Verschärfung* des ursprünglichen Prädikats bezeichnet werden. Analog wie das Fundamentalgesetz extensional durch die Menge M repräsentiert wird, kann prinzipiell jede andere Teilmenge von M_p als

Gesetz gedeutet werden. Um solche Teilmengen mit Spezialgesetzen identifizieren zu können, wird man allerdings nur Teilmengen von M selbst wählen. Bezeichnen wir das die Theorie zum HOOKschen Gesetz ausdrückende Prädikat mit $HKTM$, dann ist dieses Prädikat wie folgt definiert:

> $x = \langle P, S, T, r, m, f, \mathbf{R} \rangle$ ist ein $HKTM$ genau dann, wenn gilt:
>
> 1. x ist ein KTM
> 2. Es existiert $k \in \mathbf{R}$, so daß für alle $p \in P$ und $\alpha, \beta \in T$ HOOKs Gesetz gilt:
> $f(p,\beta) - f(p,\alpha) = k \cdot (r(p,\beta) - r(p,\alpha))$

In der strukturalistischen Rekonstruktion von Theorien werden Spezialgesetze in vollkommener Analogie zu unserem bisherigen Vorgehen rekonstruiert: als Entitäten der Gestalt $\langle K, I \rangle$, die man nun als *Theorie-Elemente* bezeichnet. Was bislang „Theorie" genannt wurde, ist jetzt bloß ein ausgezeichnetes, grundlegendes Theorie-Element, bei dem alles seinen Ausgang nimmt. Speziellere Theorie-Elemente werden aus diesem Basiselement durch die oben beschriebene Operation der Spezialisierung, also durch Hinzufügen von Spezialgesetzen, gewonnen. Was man nach Einbeziehung sämtlicher Spezialgesetze erhält, ist ein sogenanntes *Netz* von Theorie-Elementen, die durch die Spezialisierungsrelation miteinander verbunden sind. Netze naturwissenschaftlicher Theorien beginnen i.a. mit einem Basiselement; alle übrigen Theorie-Elemente gehen durch iterierte Anwendung der Spezialisierungsoperation aus diesem Basiselement hervor, so daß das Netz die Form eines Baumes hat.[23]

[23] Bezüglich der technischen Einzelheiten sei der Leser auf [Balzer, 1987] verwiesen

Kapitel 2

Eine Theorie zum Zahlgebrauch bei Kindern

Wir wollen in diesem Kapitel eine Theorie darstellen, die uns dazu dient, Äußerungen und Verhaltensweisen von Kindern im Umgang mit Zahldarstellungen zu deuten. D.h. wir tun so als ob Kinder über eine Theorie verfügen würden und ihre Äußerungen durch diese Theorie bestimmt wären. Wir betonen aber nachdrücklich, daß wir nicht annehmen, daß Kinder tatsächlich über unsere Rekonstruktion dieser Theorie verfügen.

Ein wesentliches Element dieser Theorie zur Verwendung von Zahldarstellungen ist eine (mathematische) Abbildung von endlichen Mengen auf Zahldarstellungen. Wir werden zeigen, daß alle üblichen Verfahren, die in der Praxis dazu verwendet werden, Werte dieser Abbildung zu ermitteln, bereits eine bestimmte Aussage über diese Abbildung als gültig voraussetzen, so daß diese Aussage nicht zirkelfrei empirisch überprüfbar ist und es sich deshalb um eine theoretische Funktion im strukturalistischen Sinne handelt.

Wir werden weiterhin zeigen, daß unterschiedliche Zahldarstellungen häufig auch mit unterschiedlichen Verfahren der Anzahlermittlung verbunden sind, die wiederum weitere Aussagen über die Zuordnung von Mengen zu Zahldarstellungen als gültig voraussetzen, wodurch wir zu Spezialisierungen des Basis-Elements der Theorie gelangen.

Im Einklang mit unserer Erfahrung können wir außerdem deduktiv zeigen, daß unterschiedliche Zahldarstellungen in dem Sinne gleichwertig sind, als zur Anzahldarstellung im Prinzip jede mögliche Art von Zahldarstellung verwendet werden kann – auch wenn aus praktischen Gründen in manchen Situationen vielleicht nur eine Art in Frage kommt.

2.1 Das Basis-Element, oder: Was ist eine Anzahl?

Zahlen sind wohl das älteste Objekt mathematischer Forschung. Und die Begeisterung der Pythagoräer, der u.E. ersten Wissenschaftler auf diesem Gebiet, war so groß, daß sie den Ausspruch prägten: „Alles ist Zahl".[1] Um so erstaunlicher ist es, daß die heute üblichen mathematischen Beschreibungen der sog. „natürlichen Zahlen" erst vor ca. hundert Jahren entwickelt wurden. Von der Antike bis ins 19. Jahrhundert bildeten Zahlentheorie und Geometrie eine Basis mathematischer Forschung, die nicht weiter hinterfragt wurde. Auf KRONECKER geht der Ausspruch zurück: „Die natürlichen Zahlen hat der liebe Gott gemacht, alles andere ist Menschenwerk." Erst die Entwicklung der Mengenlehre Ende des 19. Jahrhunderts durch CANTOR und ihre Weiterentwicklung Anfang des 20. Jahrhunderts durch RUSSELL, v. NEUMANN, ZERMELO, FRAENKEL und viele andere ermöglichte die Zurückführung aller mathematischen Disziplinen und damit auch der Zahlentheorie auf „allgemeinere" Strukturen, nämlich die der Mengen und der Logik.

Auch wenn mit diesen Theorien eine stabile Basis für die mathematische Forschung geschaffen wurde, so bleibt doch der ontologische Status des Objekts Zahl (in der mathematischen Literatur) ebenso im Dunkeln wie der anderer mathematischer Objekte. Dazu schreibt

[1] vgl. ARISTOTELES, Metaphysik I, 5. Kap.

Reuben Hersh in [Hersh]:

> Dieudonne and Cohen, among others, have noticed that the typical mathematician is a philosophical schizophrenic, or split personality.
>
> When he is working at his mathematics, he has no doubt that the objects he is studying have in some sense a real, objective existence. Whether it be **N** the set of all natural numbers, **R** the uncountable set of real numbers, or perhaps some infinitely smooth infinite dimensional manifold. This is, so to speak, his week-day religion. It is a variety of "Platonism" (also often called "realism".)
>
> However, if he should be challenged to explain where, how, in what sense any of these invisible, intangible, infinite entities is real or exists, he is likely to turn tail, and retreat hypocritically into some form of formalism. That is, he drops any claim that anything in pure math really exists; all we really are doing, he explains, is making logical deductions from meaningless axioms. This is "formalism", so to speak his Sunday religion.
>
> This hypocritical schizophrenia is widely practised, and it serves the purpose, as Dieudonne said, of getting the philosophers off our necks and letting us do math as usual.

Darüber hinaus ist fraglich, inwieweit durch diese mathematischen Theorien das Alltagsverständnis von Nicht-Mathematikern zum Zahlbegriff wiedergegeben wird. Insbesondere stellt sich die Frage, was ein Kind, das im Alter von ungefähr zwei Jahren beginnt, Dinge zu zählen, unter einer Zahl versteht. Eine Reihe von Untersuchungen[2] legen jedenfalls die Annahme nahe, daß Kinder ebenso wie Erwachsene im Alltag Zahlen eher als Objekte einer empirischen Theorie und nicht als solche einer mathematischen Theorie behandeln. Das Abzählen der Elemente einer Menge zur Anzahlbestimmung ist unter diesem Aspekt als empirisches Meßverfahren zu sehen und die Invarianz der Anzahl unter der Umordnung der Elemente als ein empirisches Gesetz.

Die in diesem Kapitel darzulegende Theorie zum Zahlgebrauch bei Kindern stellt eine Präzisierung des geschilderten gedanklichen

[2] Z.B. [Brissiaud], was wir im Kap. „Finger-Zahlen" diskutieren, aber auch [Fuson, 1988] oder [Gelman, 1978].

Ansatzes dar. Sie hat die in den Naturwissenschaften häufig zu findende Struktur eines Theorie-Baumes, d.h. es existiert genau ein Basis-Theorieelement und alle anderen Theorie-Elemente sind Spezialisierungen dieses Basiselements. Das Fundamentalgesetz des Basiselements ist also in jeder Spezialisierung gültig. Wir wollen diese Theorie *Anzahl-Theorie* $T(AZ)$ nennen, da sie im wesentlichen nur die Verwendung von Zahlen als „Anzahlen“ zum Inhalt hat.

Die partiellen potentiellen Modelle der *Anzahl-Theorie* sind Systeme, die aus einer Menge von Zahldarstellungen[3] Z, aus endlichen Mengen G, auf die die Zahldarstellungen anzuwenden sind, sowie der Bijektivitätsrelation $\sim$ zwischen Mengen aus G bestehen. Indem wir die Relation $\sim$ bei den partiellen potentiellen Modellen aufführen, nehmen wir an, daß es Meßverfahren zu ihrer praktischen Bestimmung gibt, die die Gültigkeit des Fundamentalgesetzes von $T(AZ)$ nicht voraussetzen. Wir denken dabei an die Paarbildung zwischen den Elementen zweier Mengen, also das Verfahren, das ein Kind anwendet, wenn es z.B. beim Decken des Tisches zu jedem Teller einen Löffel legt oder wenn es beim Kartenspiel jedem Spieler eine Karte gibt.

Partielle potentielle Modelle, $\mathbf{M_{pp}(AZ)}$:
$x \in M_{pp}(AZ) :\Leftrightarrow x = (Z, G, \sim,)$ und:

1. Z ist eine endliche Menge [4]

2. $G = \{G_1, G_2, \ldots, G_n\}$ ist eine Menge von endlichen Mengen [5]

3. $\sim$ ist die übliche Bijektivitätsrelation durch Paarbildung

[3]Es kommen durchweg nur Zahldarstellungen und keine Zahlen in dieser Theorie vor, so daß das Wort „Zahldarstellung“ durch „Zahl“ ersetzbar wäre. Aus Gründen der Verständlichkeit dieses Textes bleiben wir jedoch bei der Bezeichnung „Zahldarstellung“.

[4]Zahldarstellungen, z.B. 1, 2, 3,...

[5]z.B. Mengen von Steinchen

Potentielle Modelle, $\mathbf{M_p(AZ)}$:
$(x, \#) \in M_p(\mathrm{AZ}) :\Leftrightarrow$

1. $x \in M_{pp}(\mathrm{AZ})$
2. $\# : G \mapsto Z$ ist eine surjektive Abbildung[6]

Die potentiellen Modelle der *Anzahl-Theorie* beinhalten in Erweiterung der partiellen Modelle eine Funktion #, welche den endlichen Mengen, G_i, eine Zahldarstellung aus Z zuordnet. Die Eigenschaft(en) dieser Funktion werden durch das Fundamentalgesetz des Basis-Elements sowie dessen Spezialisierungen beschrieben. Im Vorgriff auf diese Gesetze kann die Funktion # als *Anzahlfunktion* bezeichnet werden.

Modelle, $\mathbf{M(AZ)}$:
$(x, \#) \in M(\mathrm{AZ}) :\Leftrightarrow$

1. $(x, \#) \in M_p(\mathrm{AZ})$
2. für beliebige $G_i, G_k \in G$ gilt das *Anzahlgesetz*:

$$G_i \sim G_k \iff \#(G_i) = \#(G_k)$$

Das folgende (fiktive) Beispiel soll verdeutlichen, inwiefern die bislang formulierte Theorie eine Interpretation alltäglichen Verhaltens im Umgang mit Zahldarstellungen ist:

> *Katrin sei ein sechs Jahre altes Mädchen. Häufig wird sie von ihrer Mutter morgens zum Bäcker geschickt, um Brötchen zu holen. Normalerweise holt sie fünf Brötchen. Heute soll sie aber sieben Stück holen, weil Besuch da ist. Während die Bedienung in der Bäckerei die Brötchen in die Tüte packt, zählt Katrin leise mit und bemerkt, daß die Bedienung wieder nur fünf Brötchen eingepackt hat.*

[6] die Anzahlfunktion

Sie macht die Bedienung darauf aufmerksam und erhält schließlich die verlangten sieben Brötchen.

In der geschilderten Situation kommen die Zahlwörter „fünf“ und „sieben“ vor, $Z = \{fünf, sieben\}$, sowie eine Menge G_1 von fünf und eine Menge G_2 von sieben Brötchen, $G = \{G_1, G_2\}$. Katrin ordnet den Mengen G_1 und G_2 die Zahlwörter „fünf“ und „sieben“ respektive zu, $\# = \{(G_1, fünf), (G_2, sieben)\}$. Dazu benutzt sie wohl das herkömmliche Abzählverfahren, das in Kap.2.2.1 noch intensiver diskutiert wird, aber mit Bestimmtheit läßt sich das der obigen Schilderung nicht entnehmen. Jedenfalls macht sie die Verkäuferin aufgrund dieser Zuordnung auf einen Irrtum aufmerksam. Sie verhält sich damit so, als würde sie schließen: $\#(G_1) \neq \#(G_2) \Rightarrow G_1 \not\sim G_2$.

Zur vollständigen Beschreibung der soweit formulierten Anzahltheorie fehlt die Angabe der Constraintsbedingungen. Sie sollen hier vor allem sicherstellen, daß einer Menge, die in unterschiedlichen Anwendungen vorkommt, nicht mal diese – mal jene Anzahl von Elementen zugeschrieben wird. Dies ist der bekannte Identitäts-Constraint (Bedingung 1 von $C(AZ)$).

Damit alleine kann aber nicht ausgeschlossen werden, daß gleichmächtigen und zugleich nicht-identischen Mengen, die jedoch in unterschiedlichen Anwendungen vorkommen, verschiedene Anzahlwerte zugeordnet werden. Dazu wird die Eigenschaft 2 der Constraints benötigt; sie schließt solche Kombinationen von potentiellen Modellen aus.

Mit Bedingung 3 wollen wir verhindern, daß in der Zahlenmenge Z Objekte vorkommen, die überhaupt nicht zur Zahldarstellung verwendet werden, oder positiv formuliert: Zu jeder vorkommenden Zahldarstellung z soll eine Gegenstandsmenge G existieren, für die $\#(G) = z$ gilt. Innerhalb eines Constraints ist $\#$ somit eine surjektive Abbildung.

Schließlich erwarten wir in allen praktisch vorkommenden Situationen, in denen es um die Anzahl der Elemente einer Menge geht, daß nicht nur von den dort vorkommenden Mengen, sondern auch von deren Teilmengen die Anzahl der Elemente bestimmt werden kann; Eigenschaft 4 stellt daher sicher, daß es in den Constraints potentielle Modelle gibt, in denen diese Teilmengen vorkommen.

Insbesondere die beiden Forderung 3 und 4 legen nahe, gewisse (potentielle) Modelle als Erweiterungen anderer zu betrachten, was in der folgenden Definition präzisiert wird:

Definition 2.1 *Es seien $x_i, x_j \in M_p(AZ)$ und $x_i = (Z_i, G_i, \sim, \#_i)$ bzw. $x_j = (Z_j, G_j, \sim, \#_j)$. Ist $\#_i \subseteq \#_j$, $G_i \subseteq G_j$, und $Z_i \subseteq Z_j$, dann heißt x_j* Erweiterung *von x_i, in Zeichen: $x_i \sqsubseteq x_j$*

Mit diesem Begriff der Erweiterung eines potentiellen Modells lassen sich die oben gestellten Forderungen an die Querverbindungen, die zwischen potentiellen Modellen der Theorie AZ gelten sollen, folgendermaßen als Extension eines mengentheoretischen Prädikats formulieren:

Constraints, C(AZ):
$Y \in C(\text{AZ}) :\Longleftrightarrow Y \subseteq M_p(\text{AZ})$ und es gilt: [7]

1. $(\forall x_i, x_k \in Y)(G_{i,j} = G_{k,j'} \Rightarrow \#_i(G_{i,j}) = \#_k(G_{k,j'}))$

2. $x_i, x_j \in Y \Rightarrow (\exists x_k \in Y)(x_i, x_j \sqsubseteq x_k)$

3. $x_i \in Y \wedge z \in Z_i \Rightarrow (\exists x_j \in Y)(x_i \sqsubseteq x_j \wedge z \in \#(G_j))$

4. $x_i \in Y \wedge \emptyset \neq G \subset G_{i,j} \Rightarrow (\exists x_{i'} \in Y)(\exists j' \in \mathbf{N})(G = G_{i',j'})$

2.1.1 Zur Theoretizität der Anzahlfunktion

Die Frage nach der Theoretizität der Anzahlfunktion ist eng mit der Verwendung des Anzahlgesetzes ($G_i \sim G_k \iff \#(G_i) = \#(G_k)$) als Fundamentalgesetz der Theorie verbunden. Es zeigt sich nämlich,

[7] $x_i = (Z_i, G_i, \sim, \#_i)$ und $G_i = \{G_{i,1}, G_{i,2}, \ldots, G_n\}$

daß bei jeder praktisch durchgeführten Anzahlermittlung die Gültigkeit dieses Gesetzes bereits vorausgesetzt werden muß, womit die Anzahlfunktion # nach dem Sneedschen Theoretizitätskriterium AZ-theoretisch ist.[8] Da das Anzahlgesetz andererseits eine Aussage über diese Anzahlfunktion macht, ist dieses Gesetz nicht im üblichen Sinne empirisch überprüfbar. Diese Problematik sei hier am Beispiel des Abzählverfahrens mit Hilfe der Zahlwortreihe erläutert:[9]

> Indem man die Anzahl der Elemente einer Menge A durch Abzählen bestimmt, schafft man ein bijektives Bild von A, nämlich die Menge der aufgesagten Zahlwörter Z_A. Die Verwendung des letztgenannten Zahlwortes z_A für die Anzahl der Elemente von A muß aber schon als eine Anwendung des zu verifizierenden Anzahlgesetzes angesehen werden: Denn zunächst ist z_A nur ein bestimmtes Element der Menge Z_A, und indem wir es „Anzahl" nennen ist noch nicht gezeigt, daß es die Anzahl der Elemente von A tatsächlich darstellt. Wie kommen wir also dazu, z_A „Anzahl" zu nennen? Nun: Der Zuweisung $\#(A) = z_A$ liegt zugrunde, daß Z_A ein bijektives Bild von A ist oder formal: $A \sim Z_A$. Betrachten wir jetzt z_A als das Objekt, das für die Anzahl der Elemente in Z_A steht, also $\#(Z_A) = z_A$, so erscheint die Zuweisung $\#(A) = z_A$ als Anwendung des Anzahlgesetzes:
>
> $$A \sim Z_A \wedge \#(Z_A) = z_A \Rightarrow \#(A) = z_A$$

Es liegt nahe, den aufgezeigten Zirkel durch eine geeignete Definition der Anzahlfunktion (z.B. operational durch Zählen) beseitigen

[8] Da diese Theorie nur als Deutung des Verhaltens von *Kindern* gedacht ist, würde es genügen, wenn jeder Anzahlermittlung, *die von Kindern durchgeführt wird*, bereits das Anzahlgesetz zugrunde läge. Da diese Einschränkung aber nicht gilt, ist die Anzahl-Theorie in ihrem Anwendungsbereich generalisierbar.

[9] Weitere Verfahren der Anzahlbestimmung werden bei den Spezialisierungen des Basis-Elements besprochen.

zu wollen. Es ist aber fraglich, ob der definitorische Ansatz zu einer anderen Theorie als einer mathematischen führen kann, denn:

1. Das Abzählverfahren als Definition der Anzahlfunktion zu benutzen, wäre so ähnlich, als würde man in der Physik „Kraft" als das definieren, was ein Dynamometer anzeigt;[10] auf vergleichbare Art ließen sich wohl alle theoretische Größen in naturwissenschaftlichen Theorien eliminieren. Da der Konstruktion des Dynamometers sicherlich das „zweite NEWTONsche Gesetz" zugrunde liegt, würde man mit einer solchen „Definition" den epistemologischen Zirkel nur ignorieren aber nicht beheben.

2. Eine Definition, die sich auf ein Verfahren bezieht, setzt die Wohldefiniertheit voraus, hier: $\#(A) = x$ und $\#(A) = y \Rightarrow x = y$. Das ist aber andererseits nur eine spezielle Form des Anzahlgesetzes: $\#(A_{t_1}) = x$ und $\#(A_{t_2}) = y$ und $A_{t_1} \sim A_{t_2} \Rightarrow x = y$, wo A_{t_1} bzw. A_{t_2} für die Menge A zum Zeitpunkt t_1 bzw. t_2 steht.

Kehren wir noch einmal zu der oben geschilderten Situation mit dem Mädchen in der Bäckerei zurück und betrachten nun den Vorgang der Anzahlermittlung, soweit es unsere Theorie bisher zuläßt: Die konkrete Messung einer Anzahl hat Katrin durchgeführt, als sie leise mitzählte, während die Bedienung Brötchen in die Tüte legte. Wir deuten diesen Vorgang wie folgt: $x = (Z, G, \sim, \#)$ mit

$$Z = \{5\}$$

$$G = \{\{b_1, b_2, b_3, b_4, b_5\}, \{1, 2, 3, 4, 5\}\}$$

$$\sim = \{(\{b_1, \ldots, b_5\}, \{1, \ldots, 5\})\}$$

$$\# = \{(\{b_1, \ldots, b_5\}, 5), (\{1, \ldots, 5\}, 5)\}$$

Katrin kennt schon vor der Messung den Wert $\#(\{1, \ldots, 5\}) = 5$ und schließt aus der Gültigkeit des Anzahlgesetzes auf $\#(\{b_1, \ldots, b_5\}) = 5$.

[10]Dies war ein Leitgedanke des Operationalismus nach BRIDGMAN.

Da bei dieser Beschreibung Z aus nur einem Element besteht, kann Katrin keine andere Funktion # wählen, um x zu einem Modell von $T(AZ)$ zu machen. Also ist # auch nach dem formalen Kriterium von Gähde bzw. Balzer AZ-theoretisch (s. [Balzer, 1996], Chap.8). Diese beiden Kriterien fordern für die Theoretizität einer Funktion die Existenz eines Meßmodells, d.h. eines Modells der Theorie, durch das die betreffende Funktion eindeutig (bis auf Skaleninvarianz) bestimmt ist. Der Unterschied der beiden Kriterien liegt darin, daß bei Balzer auch theoretische Funktionen herangezogen werden können, um andere theoretische Funktionen zu ermitteln, wohingegen dies bei Gähde untersagt ist. Das Kriterium von Gähde liefert daher nicht immer eine Entscheidung bezüglich der Theoretizität einer Funktion und schließt gewisse Konstellationen aus: z.B. den Fall, daß sämtliche vorkommenden Funktionen theoretisch sind - das spielt aber in $T(AZ)$ keine Rolle.

2.1.2 Ableitbare Sätze der Theorie

Aus den Modellaxiomen sowie den Bedingungen der Constraints sind einige Sätze logisch ableitbar. Hervorzuheben ist von diesen der *Satz 2.5: Er zeigt, daß die unterschiedlichen Zahldarstellungen der verschiedenen Constraints gleichwertig sind.* Da wir von der Gültigkeit sowohl des Fundamentalgesetzes als auch der Constraintsbedingungen ausgehen, können sich die folgenden Aussagen nur auf Elemente der Menge $C(AZ) \cap \mathbf{Pot}(M(AZ))$ beziehen. Man nennt diese Menge den „theoretischen Gehalt“ $Cn_{th}(AZ)$ der Theorie AZ, da ihre Projektion in die empirische Ebene den *empirischen* Gehalt (s. S. 39) der Theorie liefert: $r(Cn_{th}(AZ)) = Cn(AZ)$.

Definition 2.2 *Ist $C(AZ)$ die Menge der Constraints und ist* $\mathbf{Pot}(M(AZ))$ *die Potenzmenge der Modelle der Theorie AZ. Dann heißt*

$$Cn_{th}(AZ) := C(AZ) \cap \mathbf{Pot}(M(AZ))$$

der theoretische Gehalt *von AZ.*

Satz 2.1 *Sind* $x_i, x_j \in Y$, $Y \in Cn_{th}(AZ)$, *dann gilt für beliebige* $G_{i,r} \in G_i$, $G_{j,s} \in G_j$:

$$G_{i,r} \sim G_{j,s} \iff \#_{x_i}(G_{i,s}) = \#_{x_j}(G_{j,s})$$

Beweis: Ist $i = j$, so folgt die Aussage des Satzes aus dem Anzahlgesetz. Ist $i \neq j$, so existiert nach Relation 2 der Constraints ein Modell x_k, das die beiden Modelle x_i und x_j beinhaltet. Nun folgt auch hier die Aussage des Satzes aus dem Anzahlgesetz.

Bemerkung: Nach Satz 2.1 gilt das Anzahlgesetz nicht nur innerhalb der Modelle sondern auch innerhalb jedes Constraints.

Satz 2.2 *Ist* $x \in M(AZ)$ *und sind* $G_1, G_2, G_3 \in G_x$ *mit* $G_1 \sim G_2$ *und* $G_2 \sim G_3$, *dann gilt auch* $G_1 \sim G_3$.

Beweis: Aus $G_1 \sim G_2$ folgt nach dem Anzahlgesetz $\#(G_1) = \#(G_2)$; aus $G_2 \sim G_3$ folgt $\#(G_2) = \#(G_3)$. Damit gilt $\#(G_1) = \#(G_3)$, woraus schließlich $G_1 \sim G_3$ folgt.

Bemerkung: Die Transitivität von $\sim$ ist eine direkte Folge des Anzahlgesetzes und gilt aufgrund des Satzes 2.1 für alle Mengen, die in Modellen der Theorie innerhalb eines Constraints vorkommen.

Wegen der Constraintsbedingung 1 können wir # als eine Abbildung aller Mengen G eines Constraints auf die Menge aller Zahldarstellungen z desselben Constraints auffassen. Um solche Aussagen über alle Zahldarstellungen z und alle Mengen G eines Constraints bequem machen zu können, ist es vorteilhaft, mit der folgenden Definition zu arbeiten:

Definition 2.3 *Ist* $Y \in Cn_{th}(AZ)$, *dann sei*

$$Z_Y := \bigcup_{x \in Y} Z_x \qquad G_Y := \bigcup_{x \in Y} G_x \qquad \#_Y := \bigcup_{x \in Y} \#_x$$

Z_Y *heißt* Zahlenmenge, G_Y *heißt* Gegenstandsmenge *und* $\#_Y$ *heißt* Anzahlfunktion *von* Y.

Satz 2.3 *Ist $Y \in Cn_{th}(AZ)$ und ist Y endlich, dann gilt*

$$\{(Z_Y, G_Y, \sim, \#_Y)\} \cup Y \in Cn_{th}(AZ)$$

und $\#_Y$ ist eine surjektive Abbildung von G_Y nach Z_Y.

Beweis:

1. $(Z_Y, G_Y, \sim, \#_Y) \in M(\text{AZ})$:

   (a) $\#_Y$ ist eine surjektive Abbildung von G_Y nach Z_Y:
   Ist $G \in G_Y$, so existiert $x \in Y$ mit $G \in G_x$. Also existiert auch $z \in Z_x$, so daß $\#_x(G) = z$. Da außerdem $Z_x \subseteq Z_Y$, ist $(G, z) \in \#_Y$. Ist x' ein weiteres Modell in Y mit $G \in G_{x'}$, so gilt nach Relation 1 der Constraints $\#_x(G) = \#_{x'}(G)$. Also ist $\#_Y : G_Y \mapsto Z_Y$ eine Abbildung.
   Zur Surjektivität von $\#_Y$: Ist $z \in Z_Y$, so existiert $x \in Y$ mit $z \in Z_x$. Nach Bedingung 3 von $C(AZ)$ existiert auch ein $x' \in Y$ mit $x \sqsubseteq x'$, so daß $G \in G_{x'}$ und $\#_{x'}(G) = z$. Wegen $\#_{x'} \subseteq \#_Y$ und $G \in G_{x'} \subseteq G_Y$ gilt schließlich $\#_Y(G) = z$ für diese Menge $G \in G_Y$.

   (b) Es gilt das Anzahlgesetz: Es seien $G_1, G_2 \in G_Y$. Zu G_1 und G_2 existieren $x_1, x_2 \in Y$ (resp.), so daß $G_1 \in G_{x_1}$ und $G_2 \in G_{x_2}$ ist. Nach Satz 2.1 folgt dann $G_1 \sim G_2 \iff \#_{x_1}(G_1) = \#_{x_2}(G_2)$. Da $\#_{x_1}, \#_{x_2} \subseteq \#_Y$ folgt schließlich $G_1 \sim G_2 \iff \#_Y(G_1) = \#_Y(G_2)$

   (c) G_Y und Z_Y sind endliche Vereinigungen endlicher Mengen.

2. $\{(Z_Y, G_Y, \sim, \#_Y)\} \cup Y \in C(AZ)$:

   (a) Es sei $G \in G_Y$ und $G \in G_x$ für ein $x \in Y$. Wegen $G \in G_Y$ existiert $x' \in Y$ mit $G \in G_{x'}$. Wegen Bed. 1 von $C(AZ)$ gilt für alle $x, x' \in Y$: $\#_x(G) = \#_{x'}(G)$, und wegen $\#_{x'} \subseteq \#_Y$ gilt auch $\#_x(G) = \#_Y(G)$.

   (b) Ist $x \in Y$, so gilt nach Definition von G_Y, Z_Y und $\#_Y$: $x \sqsubseteq (Z_Y, G_Y, \sim, \#_Y)$. Daraus folgt die Relation 2 der Constraints.

(c) Bed. 3 von $C(AZ)$ folgt aus der Surjektivität von $\#_Y$.

(d) Ist $\emptyset \neq G' \subset G \in G_Y$, so existiert $x \in Y$ mit $G \in G_x$. Aufgrund von Relation 4 der Constraints existiert dann $x' \in Y$ mit $G' \in G_{x'}$.

Bemerkung: Die Endlichkeit des Constraints Y wird nur benötigt, um die Endlichkeit der Zahlenmenge Z_Y und der Gegenstandsmenge G_Y zu gewährleisten. Läßt man diese Forderung fallen, so ist $(Z_Y, G_Y, \sim, \#_Y)$ zwar nicht mehr notwendigerweise ein Modell der Theorie, aber außer der Endlichkeit von Z_Y und G_Y sind alle anderen Eigenschaften noch gültig.

Satz 2.4 *Ist $Y \in Cn_{th}(AZ)$ und ist Y endlich, dann gilt für alle $x \in Y$:*

$$x \sqsubseteq (Z_Y, G_Y, \sim, \#_Y)$$

$(Z_Y, G_Y, \sim, \#_Y)$ ist also das größte Element von $Y \cup \{(Z_Y, G_Y, \sim, \#_Y)\}$ bezüglich $\sqsubseteq$.

Beweis: klar.

Satz 2.5 *Es seien $Y_1, Y_2 \in Cn_{th}(AZ)$ und Y_1, Y_2 seien endlich. Ist $G_{Y_1} = G_{Y_2} =: G_Y$, dann existiert eine bijektive Abbildung $\Phi : Z_{Y_1} \mapsto Z_{Y_2}$, so daß für $G_1, G_2 \in G_Y$ gilt:*

$$G_1 \sim G_2 \iff \Phi(\#_{Y_1}(G_1)) = \#_{Y_2}(G_2)$$

Beweis: Sei $\Phi := \{(z_1, z_2) \subset Y_1 \times Y_2 \mid (\exists G \in G_Y)(\#_{Y_1}(G) = z_1 \wedge \#_{Y_2}(G) = z_2)\}$. Wegen der Surjektivität von $\#_{Y_1}$ existiert zu jedem $z_1 \in Z_{Y_1}$ ein $G \in G_Y$ mit $\#_{Y_1}(G) = z_1$, und zu diesem G existiert $z_2 \in Z_{Y_2}$, so daß $\#_{Y_2}(G) = z_2$. Somit existiert zu jedem $z_1 \in Z_{Y_1}$ ein $z_2 \in Z_{Y_2}$ mit $(z_1, z_2) \in \Phi$. Sind $(z_1, z_2), (z_1, z_2') \in \Phi$, dann existieren $G, G' \in G_Y$, so daß $\#_{Y_1}(G) = \#_{Y_1}(G') = z_1$, also $G \sim G'$, und $\#_{Y_2}(G) = z_2$ sowie $\#_{Y_2}(G') = z_2'$. Wegen $G \sim G'$ ist $\#_{Y_2}(G) = \#_{Y_2}(G')$ also $z_2 = z_2'$. Mutatis mutandis folgt, daß auch die zu Φ inverse Relation eine Abbildung ist. Damit ist Φ eine Bijektion. Aufgrund des Anzahlgesetzes gilt für alle $G_1, G_2 \in G_Y$: $G_1 \sim$

$G_2 \iff \#_{Y_2}(G_1) = \#_{Y_2}(G_2)$. Da außerdem $\Phi(\#_{Y_1}(G_1)) = \#_{Y_2}(G_1)$ ist, ist die Aussage des Satzes korrekt.

2.1.3 Paradigmatische Anwendungen der Zahl-Theorie

Zu den Modellen einer Theorie gehören *alle denkbaren* Systeme, die das Fundamentalgesetz erfüllen. Für die empirische Behauptung der Theorie sind aber nur solche Systeme von Bedeutung, die auch „tatsächlich" vorkommen. Diese *intendierten Anwendungen* werden im strukturalistischen Theorienkonzept durch die sogenannten *paradigmatischen Anwendungen* charakterisiert (s. Kap. 1.2.2). Bei der Anzahltheorie werden die paradigmatischen Anwendungen durch die Zahlmengen bezüglich eines Constraints charakterisiert – es sind also artmäßige Zusammenfassungen einzelner paradigmatischer Anwendungen mit Zahlwörter, Ziffern, Zahlbilder, Finger u.a. (s.u.).

Jede paradigmatische Anwendung einer Spezialisierung des Basis-Elements ist selbstverständlich auch eine paradigmatische Anwendung des Basis-Elements. Solche Anwendungen werden wir dann aber im Zusammenhang mit der entsprechenden Spezialisierung behandeln. In diesem Unterkapitel sollen daher nur solche Anwendungen behandelt werden, die aufgrund des aktuellen Stands der Wissenschaften keiner Spezialisierung zugeordnet werden können – was aber nicht heißt, daß es prinzipiell keine entsprechende Spezialisierung geben kann.

Finger-Zahlen

Fragt man Kinder im Alter von 2, 3 oder 4 Jahren nach ihrem Alter, so antworten viele statt mit einem Zahlwort, indem sie eine entsprechende Anzahl von Fingern zeigen. Häufig ist ungewiß, ob das Kind mit den Fingern, die es zeigt, eine Anzahl verbindet. Aber die Verwendung von Fingern statt eines Zahlwortes ist nicht auf Kinder beschränkt, da auch Erwachsene in Situationen, wo eine verbale Kommunikation behindert ist (z.B. bei erhöhtem Geräuschpegel), in größerem Umfang von Gesten Gebrauch machen und insbesondere zur Darstellung von Zahlen Finger einsetzen. Aber im Gegensatz zu Erwachsenen, bei denen man ohne Zweifel davon ausgehen kann, daß sie wissen, wann zwei endliche Mengen gleichmächtig sind, und auch, daß sie die Finger in diesem Sinne verwenden, ist eben dieses bei Kindern des o.g. Alters fraglich. Vor allem stellt sich die Frage, ob Kinder die Finger immer nur als mögliche andere Zeichen an Stelle der Zahlwörter ansehen, so daß eine Theorie dieser Finger-Zahlen isomorph zur Theorie der Zählzahlen wäre, oder ob die Finger nicht auch in einer eigenständigen, also wesentlich anderen Weise als die Zählzahlen verwendet werden. Rémi BRISSIAUD plädiert in [Brissiaud] für letzteres. Aufgrund einer Studie zum Zahlverständnis seines eigenen Sohnes Julien sowie einer Studie von DESCOEUDRES aus dem Jahr 1921 ([Descoedres]) kommt er zu folgendem Schluß ([Brissiaud], S. 63):

> I have shown that the use of symbol sets [Anmerkung des Autors: Finger-Zahlen] is a genuine and analog mode of quantification, and that a pathway to number that diverges from traditional route can, indeed, be worthwhile.

Im Alter von 2;11 Jahren kann Julien die Mächtigkeit von Mengen mit bis zu 3 Objekten mit seinen Fingern wiedergeben und mit 3;8 Jahren kann er dies auch bei 4 Objekten. Die korrekte Verwendung des sprachlichen Ausdrucks für die Zahlen 3 und 4 erfolgt jeweils deutlich später. Insbesondere gelingt ihm die Zuordnung einer Menge zur entsprechenden Geste mit den Fingern ohne Zuhilfenahme der Zählzahlreihe. Es ist nicht erkennbar, wie Julien diese bijektive Abbildung zwischen einer Menge und seinen Fingern konstruiert. BRISSIAUD vermutet, daß diese Konstruktion auf einer rein „visuellen Analyse“ beruht ([Brissiaud], S. 50):

> Previously Julien relied on visual analysis of the array to construct a finger collection by one-to-one correspondence. Thus, when he was encouraged to make direct use of his hand, he naturally tended to set up a one-to-one finger-object correspondence ...

Dieser visuellen Analyse liegt möglicherweise ein angeborenes Zahlverständnis zugrunde, wie es im Zusammenhang mit dem *Subitizing* (Kap.2.1.3) besprochen wird. Ein Indiz dafür ist die Entwicklung des Zahlbereichs von zunächst drei auf dann vier Elemente. Dies ist typisch für den Subitizing-Bereich von Kindern in diesem Alter [Starkey]. Bemerkenswert ist auch, daß Julien seine Finger, von Ausnahmen abgesehen, nicht durch Berühren der Objekte diesen zuordnet. Er könnte dadurch seinen Zahlbereich erheblich – nämlich von drei (bzw. vier) auf zehn – erweitern. Der Versuch, ein solches Verfahren meinem Sohn David (damals ca. $2\frac{1}{2}$) zu vermitteln, führte entgegen meiner Erwartung zu ähnlichen Problemen, wie sie bei Kindern während des Erwerbs der Zählzahlmethode zu beobachten sind (siehe z.B. [Fuson, 1988]): Er ließ Objekte aus oder ordnete einem Finger mehrere Objekte zu, und selbst wenn die Zuordnung korrekt war, erschien sie mir häufig nur als mechanische Reaktion auf die „Wieviel"-Frage. Ich nehme daher an, daß sich Juliens Verfahren wesentlich von dem unterscheidet, was ich David zu vermitteln versuchte.

Unabhängig von der Frage nach dem Meßverfahren, das Julien benutzte, kann man feststellen: *Julien verhält sich so, als verfügte er über das Basis-Theorie-Element der Anzahl-Theorie.* Die Zahlmenge Z besteht für ihn aus vier Mustern, die er mit seinen Fingern bilden kann. Die Anzahlfunktion # konstruiert er vermutlich über eine innerliche ein-eindeutige Zuordnung von Objekten einer Menge zu den Fingern. Jedenfalls erfüllt sie das Anzahlgesetz, da er gleichmächtigen Mengen immer dasselbe Finger-Muster zuordnet ($A \sim B \Rightarrow \#(A) = \#(B)$) und Mengen, die nicht gleichmächtig sind, unterschiedliche Fingermuster ($A \not\sim B \Rightarrow \#(A) \neq \#(B)$).

Bei der Verwendung von Fingern zur Zahldarstellung werden nicht immer exakt dieselben Finger zur Darstellung derselben Zahl benutzt. Beispielsweise verwendet man zur Darstellung der Zahl „Zwei" die Kombination „Zeigefinger / Daumen" aber auch die Kombination „Zeigefinger / Mittelfinger". Julien ist die Gleichwertigkeit solcher Darstellungen bewußt ([Brissiaud], S. 49):

> One day when he had shown me 4 by keeping his thumb down, I

> asked him if he could do it another way. He said, "Yes, because you can do it this way," (showing me his whole hand except the little finger) but explained that he did not do it "because it hurts."

Wir sehen hier aber keinen wesentlichen Unterschied zur Verwendung ganz anderer Zahldarstellungen wie Ziffern oder Zahlwörter. Es ist u.E. also gleich, ob BRISSIAUD seinem Sohn eine andere Zahldarstellung mit Fingern oder mit Ziffern zeigt. Situationen mit unterschiedlichen Zahldarstellungen können durch (potentielle) Modelle beschrieben werden, die in unterschiedlichen Constraints sind. Die prinzipielle Gleichwertigkeit der Zahlenmengen unterschiedlicher Constraints haben wir in Kap. 2.1.2 bereits bewiesen.

Subitizing

Als *Subitizing* bezeichnet man ursprünglich das Phänomen, daß Erwachsene die Mächtigkeit von kleineren Mengen spontan bestimmen können [Kaufman]. Eine genauere Messung von [Klahr] zeigt eine mittlere Reaktionszeit von ca. 50ms pro Objekt bei 1–4 Objekten. Andere Messungen (z.B. [Averbach]) lassen auf einen Subitizing-Bereich von 1–5 Objekten schließen. Die naheliegende Erklärung von GELMAN und GALLISTEL, daß es sich hier um eine spezielle Form *schnellen Zählens* handle [Gelman, 1978], scheint fragwürdig angesichts der Tatsache, daß solche Zählvorgänge (bei größeren Mengen) mit einer Geschwindigkeit von mehr als 150ms pro Objekt viel langsamer sind.[11] Gegen die Annahme eines schnellen verbalen Zählvorgangs spricht auch, daß Subitizing bereits bei zweijährigen Kindern zu beobachten ist, die noch nicht über das Abzählverfahren verfügen (s. [Starkey]). [12] Gegen die Deutung des Subitizing im Sinne von GEL-

---

[11] In einem neueren Artikel [Gelman, 1991] korrigieren GELMAN und GALLISTEL zwar diese Position, zeigen aber dennoch mögliche entwicklungspsychologische Beziehungen zwischen verbalem Zählen und Subitizing auf.

[12] Auch David, der bis 3;4 Jahre nicht im Zählen unterrichtet wurde, konnte schon im Alter von ca. 2;3 Jahren die Mächtigkeit von Mengen mit zwei Elementen immer korrekt und von Mengen mit drei Elementen fast immer korrekt durch Nennung des Zahlwortes angeben.

MAN und GALLISTEL sprechen auch die zahlreich festgestellten numerischen Fähigkeiten von Tieren [Boysen, 1993]. Es scheint nämlich, als läge sowohl dem Subitizing bei Menschen als auch den numerischen Fähigkeiten von Tieren ein angeborener „Sinn für Mächtigkeiten ‚kleiner' Mengen" zugrunde. Als klassisch kann man die Versuche bezeichnen, die Otto KOEHLER in den 30er und 40er Jahren an Vögeln durchführte. Am bekanntesten sind davon wohl die *„Zähl"-Versuche an einem Kolkraben und Vergleichsversuche an Menschen* [Koehler]. KOEHLER konnte den Raben „Jakob" so dressieren, daß dieser von zwei angebotenen Ködermengen, die sich nur in ihrer Mächtigkeit unterschieden, fast immer zunächst die größere wählte, sofern nicht beide Mächtigkeiten ≥ 7 waren.

Es soll hier nicht der Versuch unternommen werden, das Verhalten von Jakob als Modell des Basis-Theorie-Elements der Anzahl-Theorie darzustellen, denn dafür sind die Grundlagen dieses Phänomens viel zu wenig erforscht [Miller, S. 152–157], und insbesondere ist unbekannt, was dabei als Zahl verwendet wird. Jakobs Verhalten kann aber immerhin so gedeutet werden, daß Tiere fähig sind, Mengen in Bezug auf ihre Mächtigkeit zu unterscheiden. Geht man von der Richtigkeit dieser Deutung aus, dann läßt sich diese „numerische" Fähigkeit dazu verwenden, solchen Tieren einen Zahlbegriff zu vermitteln. Sarah T. BOYSEN [Boysen, 1993] dressierte einen Schimpansen darauf, Mengen mit 0–8 Elementen die entsprechende arabische Ziffer zuzuordnen. Anschließend führte sie folgendes Experiment durch:

> Sheba's Arabic numerals 0–4 were positioned in ordinal sequence on a wooden platform (work station) [...] With the three sites available, the teacher [...] placed from 0–4 oranges in two of the three sites, such that the arrays of oranges were not directly visible by Sheba as she sat at the work station. Sheba's task was to move among the three sites, return to the work station, and select the Arabic numeral that represented the total number of oranges hidden among the three sites. It was startling that Sheba was able to demonstrate the ability to complete this task from the very first session, moreover, from the very first trial. [...] To challenge her further, given her ability to

> successfully complete the functional task, we next substituted the arrays of oranges with replicas of the Arabic numeral placards that Sheba used as response stimuli. Now instead of finding three oranges at Site 2, and one orange at Site 3, for example, Sheba came on the numeral 3 and the numeral 1 at the sites. Nonetheless, Sheba readily generalized her very limited experience [...] Her performance from Session 1, using symbols instead of object arrays, was significantly above chance [...]

Sheba verhält sich so, als verfügte sie über das Basis-Theorie-Element der Anzahl-Theorie. In ihrem speziellen Fall bestehen die Zahlen Z aus den gewöhnlichen arabischen Ziffern 0, 1, ..., 8. Sie ordnet Mengen in eindeutiger Weise diese Ziffern zu, aber auch umgekehrt den Ziffern die entsprechenden Mengen. Damit erfüllt diese Zahlzuordnung das Anzahlgesetz. [13]

2.2 Spezialisierungen des Basis-Elements

2.2.1 Zählzahlen

Bei der Bestimmung der Mächtigkeit einer Menge werden im Alltag üblicherweise die Zählzahlen grob betrachtet nach folgendem Verfahren benutzt: Die Elemente der betrachteten Menge A werden (vorübergehend) in eine lineare Ordnung gebracht und mit den Elementen der Zahlwortreihe so benannt, daß die beiden Ordnungen verträglich sind. Das zuletzt benutzte Element der Zahlwortreihe gibt dann die Mächtigkeit von A an. In den 70er und vor allem den 80er Jahren wurden viele Untersuchungen durchgeführt, die zeigen, wie Kinder

[13] Es ist zwar nicht bekannt, wie Tiere eine solche Anzahlfunktion konstruieren, und es kann deshalb nicht ausgeschlossen werden, daß das benutzte Verfahren ohne Zugrundelegung des Anzahlgesetzes funktioniert. Andererseits existieren keinerlei Hinweise darauf, daß dies so wäre – im Gegenteil, BOYSEN berichtet davon, daß Sheba bei der Anzahlermittlung ein ähnliches Verhalten zeigt wie Kinder: Sie zeigt mit dem Finger auf die Objekte oder schiebt sie gar einzeln zur Seite [Boysen, 1993, S. 46 ff.]. Es besteht also kein Grund, an der Theoretizität der Anzahlfunktion zu zweifeln.

dieses Verfahren erwerben (siehe z.B. [Fuson, 1988], [Gelman, 1978] und [Steffe, 1988]). Nach GELMAN und GALLISTEL wird die Entwicklung der Anzahlerfassung von fünf „Zählprinzipien“ geleitet (s.a. [Baroody]):

1. **Prinzip der stabilen Ordnung:** (Stable-Order Principle) Die Reihenfolge der Zählmarken[14] muß bei jedem Zählvorgang in derselben Anordnung erzeugt werden.

2. **Eineindeutigkeitsprinzip:** (One-One Principle) Jedes Objekt der Menge wird mit genau einer Zählmarke bezeichnet.

3. **Kardinalitätsprinzip:** (Cardinal Principle) Die Zählmarke, die das letzte Objekt der Menge bezeichnet, repräsentiert die gesamte Anzahl der Objekte dieser Menge.

4. **Abstraktionsprinzip:** (Abstraction Principle) Unterschiedliche Arten von Objekten können zum Zwecke des Zählens zu einer Menge zusammengefaßt werden.

5. **Prinzip der Irrelevanz der Anordnung:** (Order-Irrelevance Principle) Die Reihenfolge, in der die Objekte einer Menge durch Zählmarken bezeichnet werden, ist irrelevant für das Ergebnis - die letzte Zählmarke ist immer dieselbe.

In die strukturalistische Darstellung geht das Prinzip der Irrelevanz der Anordnung als Fundamentalgesetz der Theorie ein: das Anzahlgesetz. Wie bereits bei der Diskussion zur Theoretizität der Anzahlfunktion erläutert wurde, ist es nicht im herkömmlichen Sinne ableitbar. Das Abstraktionsprinzip wird durch die Verwendung endlicher *Mengen* G_i in den partiellen potentiellen Modellen wiedergegeben.[15] Die übrigen Prinzipien sind nur im Zusammenhang mit den speziellen

---

[14] GELMAN und GALLISTEL verwenden bewußt den Begriff „Zählmarke“(count-tag), um auch solche Situationen beschreiben zu können, in denen nicht die herkömmlichen Zählzahlen sondern dazu ähnliche Dinge benutzt werden.

[15] Eine empirische Mengenlehre, die in der Theorie der Zahlen vorauszusetzen ist, findet sich beispielsweise bei BURSCHEID und STRUVE [Burscheid, 1993].

Eigenschaften der Zählzahlen zu verstehen. Diese Zählzahlen besitzen die (mathematische) Struktur einer endlichen, linear geordneten Menge.

Die mathematische Struktur endlicher, linear geordneter Mengen

Definition 2.4 *M sei eine Menge und $\leq$ eine Relation auf M ($\leq \subseteq M \times M$). $(M, \leq)$ heißt* linear geordnete Menge, *wenn gilt:*

1. *$\leq$ ist reflexiv:* $(\forall m \in M)(m \leq m)$.
2. *$\leq$ ist identitiv:* $(\forall m, n \in M)(m \leq n \wedge n \leq m \Rightarrow m = n)$.
3. *$\leq$ ist transitiv:* $(\forall l, m, n \in M)(l \leq m \wedge m \leq n \Rightarrow l \leq n)$.
4. *$\leq$ ist linear:* $(\forall m, n \in M)(m \leq n \vee n \leq m)$.

Definition 2.5 *Es sei $(M, \leq)$ linear geordnet und $\lhd$ eine Relation auf M. $\lhd$ heißt* Nachfolgerrelation, *wenn gilt:*

$$n \lhd m :\Leftrightarrow n \leq m \wedge (\forall x \in M)(n \leq x \leq m \Rightarrow x = n \vee x = m)$$

Bemerkung: Die *Vorgängerrelation* $\rhd$ ist analog dazu definiert. Sind mehrere linear geordnete Mengen $(M_i, \leq_i)$ gegeben, so kann man die zugehörigen Nachfolger- und Vorgängerrelationen durch eine Funktionsschreibweise unterscheiden: z.B. $\lhd(\leq_i)$ für die durch $\leq_i$ induzierte Nachfolgerrelation.

Definition 2.6 *Es sei $(M, \leq)$ linear geordnet und $g \in M$. g heißt* größtes Element *von M, $g = grEl(M)$, wenn gilt:*

$$(\forall x \in M)(x \leq g)$$

Bemerkung: Analog dazu ist das *kleinste Element*, $klEl(M)$, definiert. klEl und grEl sind eindeutig bestimmt sofern sie existieren.

Satz 2.6 *Ist $(M, \leq)$ ein nicht-leere, endliche, linear geordnete Menge, so existieren $grEl(M)$ und $klEl(M)$.*

Beweis: Durch Induktion nach $n := |M|$. Für $n = 1$ ist die Aussage des Satzes trivial.
$n \to n+1$: $|M| = n+1 \wedge m \in M \Rightarrow |M \setminus \{m\}| = n$. Also existieren $k := klEl(M \setminus \{m\})$ und $g := grEl(M \setminus \{m\})$.
Ist $k \leq m \leq g$, dann ist $k = klEl(M)$ und $g = grEl(M)$.
Ist $m \leq k \leq g$, dann ist $m = klEl(M)$ und $g = grEl(M)$.
Ist $k \leq g \leq m$, dann ist $k = klEl(M)$ und $m = grEl(M)$.
Weitere Fälle existieren nicht. Damit ist der Satz bewiesen.

Satz 2.7 *Ist $(M, \leq)$ eine endliche, linear geordnete Menge mit wenigstens zwei Elementen, dann ist $\lhd$ eine bijektive Abbildung von $M \setminus \{grEl(M)\}$ nach $M \setminus \{klEl(M)\}$.*

Beweis: Durch Induktion nach $n := |M|$.
Im Fall $n = 2$ ist $M = \{klEl(M), grEl(M)\}$ und
$\lhd = \{(klEl(M), grEl(M))\}$. Also trifft die Aussage des Satzes zu.
$n \to n+1$: Sei $|M| := n+1$, dann ist $|M \setminus \{grEl(M)\}| = n$.
Also ist mit $M' := M \setminus \{grEl(M)\}$ die Relation $\lhd_{|M' \times M'}$ eine bijektive Abbildung

$$M' \setminus \{grEl(M')\} \mapsto M' \setminus \{klEl(M')\}.$$

Weiter ist

$$\lhd_{|M \times M} = \lhd_{|M' \times M'} \dot{\cup} \{(grEl(M'), grEl(M))\}.$$

Somit ist $\lhd$ eine bijektive Abbildung von $M \setminus \{grEl(M)\}$ nach $M \setminus \{klEl(M)\}$, was zu beweisen war.

Bemerkung: Die Elemente einer endlichen, linear geordneten Menge lassen sich also in Form einer *„Kette“* anordnen.

Das strukturalistische Konzept der Zählzahlen

Um Mengen abzählen zu können, benötigt man eine lineare Ordnung $\leq$ auf der Zahlenmenge Z. Während des Abzählvorgangs wird die Gegenstandsmenge G_i ebenfalls (zumindest vorübergehend) linear geordnet; wir bezeichnen diese Ordnungsrelation mit $\preceq_i$. Bei diesem

Vorgang wird außerdem jedem Element der Gegenstandsmenge G_i ein Element der Zahlenmenge Z so zugeordnet, daß diese Zuordnung mit der Nachfolgerrelation jeder der beiden Ordnungen verträglich ist; es wird also ein Ordnungshomomorphismus konstruiert. Darüber hinaus wird dem „ersten“ Element der Gegenstandsmenge G_i stets das kleinste Element der Zahlenmenge Z zugeordnet. Schließlich wird das größte Element des Bildes von G_i unter dem eben erwähnten Homomorphismus als Darstellung der Anzahl der Elemente von G_i benutzt. Formal präzisiert bilden diese Forderungen das Spezialgesetz für das Theorie-Element der Zählzahlen.

Modelle, M(ZZ):
$x \in M(\mathrm{ZZ}) :\Leftrightarrow$ es existieren
$Z,\ \leq,\ G,\ \preceq = \{\preceq_1, \preceq_2, \ldots, \preceq_n\},\ \sim,\ \#,\ f = \{f_1, f_2, \ldots\}, \alpha$ derart, daß gilt:

1. $x = (Z, G, \sim, \#) \in M(\mathrm{AZ})$
2. $(Z, \leq)$ ist eine linear geordnete Menge und $\alpha = klEl(Z)$
3. $(G_i, \preceq_i)$ ist für alle $G_i \in G$ eine endliche, linear geordnete Menge
4. $f_i : (G_i, \lhd(\preceq_i)) \mapsto (Z, \lhd(\leq))$ ist ein Ordnungsmonomorphismus[16] und
   $(\forall f_i \in f)(f_i(klEl(G_i)) = \alpha)$
5. $(\forall G_i \in G)(\#(G_i) = grEl(f_i(G_i)))$

Die Constraintsbedingungen des Theorie-Elements ZZ verschärfen die des Basis-Elements nur in Bezug auf die hinzugekommenen Ordnungsrelationen. Bedingung 1 von $C(ZZ)$ gewährleistet, daß jede Erweiterung (s. Def.2.1) zweier Modelle zu einem größeren auch mit den Anordnungen der Zahlenmengen Z verträglich sind. Von diesen

[16] f_i ist eine injektive Abbildung und erfüllt:
$(\forall k, l \in G_i)(k \lhd (\preceq_i) l \Rightarrow f_i(k) \lhd (\leq) f_i(l))$

Zahlenmengen Z, die innerhalb eines Constraints vorkommen, erwarten wir auch, daß sie die Anfangsabschnitte „derselben Zählzahlreihe“ sind; dies erreichen wir durch die Bedingungen 2 und 3:

Constraints, C(ZZ):
$X \in C(ZZ) :\Leftrightarrow \emptyset \neq X \subset M(ZZ)$ und es gilt:

1. $(\forall x_i, x_k \in X)(\exists x_l \in X)(x_i, x_k \sqsubseteq x_l \wedge \leq_{x_i}, \leq_{x_k} \subseteq \leq_{x_l})$

2. $(\{\triangleleft(\leq_x) | x \in X\}, \subseteq)$ ist linear

3. $(\forall x_i, x_k)(\alpha_{x_i} = \alpha_{x_k})$

Satz 2.8 *$\leq_x$ ist unabhängig von $x \in X$, d.h.: sind $z_1, z_2 \in Z_x \cap Z_y$ mit $x, y \in X$, dann gilt $z_1 \leq_x z_2 \Leftrightarrow z_1 \leq_y z_2$.*

Beweis: Zu $x, y \in X$ existiert nach 1 der Constraints eine Erweiterung $u : x, y \sqsubseteq u \wedge \leq_x, \leq_y \subseteq \leq_u$. Angenommen, die Aussage des Satzes wäre falsch: Dann wären $z_1, z_2 \in X$, $z_1 \neq z_2$ und (oBdA) $z_1 \leq_x z_2 \wedge z_2 \leq_y z_1$. Dann gilt aber $z_1 \leq_u z_2 \wedge z_2 \leq_u z_1$, also doch $z_1 = z_2$.

Wir können nun die Diskussion der Zählprinzipien, die wir zu Beginn des Kapitels 2.2.1 begonnen hatten, weiterführen und beenden. Das Kardinalitätsprinzip sehen wir durch die Eigenschaft 5 der Modelle erfüllt und das Eineindeutigkeitsprinzip durch die Eigenschaft 4, also durch die Ordnungstreue der Abbildungen f_i. Das Prinzip der stabilen Ordnung schließlich gilt in ZZ aufgrund der eben genannten Constraintsbedingungen 2 und 3.

Die mathematische Struktur der Zahlenmengen $Z_X(ZZ)$

Das, was die hier beschriebenen Zahlenmengen Z von Modellen der PEANO-Axiome unterscheidet, ist die „Unendlichkeit“. In einem Modell der PEANO-Axiome existiert nämlich zu jedem Element ein Nachfolger, und zyklische Strukturen kommen nicht vor. Existierte in Z keine größtes Element, dann würde $(Z_X, \alpha, \lhd_X)$ die PEANO-Axiome erfüllen. Das ist die Aussage des Satzes 2.11

Definition 2.7 *Für jedes $X \in C(ZZ)$ sei*

$$\leq_X := \bigcup_{x \in X} \leq_x \quad \textit{und} \; \lhd_X := \bigcup_{x \in X} \lhd(\leq_x).$$

Satz 2.9 *Für jedes $X \in C(ZZ)$ ist $(Z_X(ZZ), \leq_X)$ eine linear geordnete Menge.*

Beweis:

1. $\leq_X$ ist reflexiv auf $Z_X(ZZ)$: Ist $z \in Z_X(ZZ)$, so existiert $x \in X$ mit $z \in Z_x$. $(Z_x, \leq_x)$ ist linear geordnet und $\leq_x \subseteq \leq_X$, also gilt $z \leq_X z$.

2. $\leq_X$ ist identitiv auf $Z_X(ZZ)$: Sind $z_1, z_2 \in Z_X(ZZ)$, so existieren $x_1, x_2 \in X$ mit $z_1 \in Z_{x_1}$ und $z_2 \in Z_{x_2}$. Weiterhin existiert $x_3 \in X$, so daß $x_1, x_2 \sqsubseteq x_3$. Dann sind $z_1, z_2 \in Z_{x_3}$, und damit gilt $z_1 \leq_{x_3} z_2 \wedge z_2 \leq_{x_3} z_1 \Rightarrow z_1 = z_2$. Wegen $\leq_{x_3} \subseteq \leq_X$ gilt diese Aussage schließlich auch bezüglich $\leq_X$ statt $\leq_{x_3}$.

3. $\leq_X$ ist transitiv auf $Z_X(ZZ)$: Sind $z_1, z_2, z_3 \in Z_X(ZZ)$, so existieren x_1, x_2, x_3 und x in X mit $z_1, z_2, z_3 \in Z_{x_1}, Z_{x_2}, Z_{x_3}$ respektive und $x_1, x_2, x_3 \sqsubseteq x$. Also sind $z_1, z_2, z_3 \in Z_x$. Wegen $\leq_x \subseteq \leq_X$ folgt nun die Transitivität von $\leq_X$ aus der von $\leq_x$.

4. $\leq_X$ ist linear auf $Z_X(ZZ)$: Zu $z_1, z_2 \in Z_X(ZZ)$ existieren x_1, x_2 und x in X mit $z_1, z_2 \in Z_{x_1}, Z_{x_2}$ respektive und $x_1, x_2 \sqsubseteq x$. Also sind $z_1, z_2 \in Z_x$. Nun folgt die Linearität von $\leq_X$ aus der von $\leq_x$.

Satz 2.10 *$(Z_X, \leq_X)$ besitzt ein kleinstes Element, $klEl(Z_X)$.*

Beweis: Für alle $x \in X$ existiert $\alpha = klEl(Z_x)$, und $klEl(Z_{x_1}) = klEl(Z_{x_2})$ für alle $x_1, x_2 \in X$. Wegen $Z_X = \bigcup_{x \in X} Z_x$ und $\leq_X = \bigcup_{x \in X} \leq_x$. Gilt auch $\alpha = klEl(Z_x) = klEl(Z_X)$ für alle x in X.

Bemerkung: Ein größtes Element muß in Z_X nicht zwingend existieren. Jeder Anfangsabschnitt $f_i(G_i) \subset Z_X$ besitzt aufgrund seiner Endlichkeit ein größtes Element; dieses gibt die Kardinalität von G_i an. Und zu jedem $z \in Z_X$ muß eine Menge $G \in G_X$ existieren mit $\#_X(G_X) = z$. Diese Forderungen können aber auch von einer Menge Z_X erfüllt werden, die selbst kein größtes Element besitzt.

Satz 2.11 *Besitzt $(Z_X, \leq_X)$ kein größtes Element, dann erfüllt $(Z_X, \alpha, \lhd_X)$ die* PEANO-*Axiome:*

1. $\alpha \in Z_X$

2. $\lhd_X : Z_X \mapsto Z_X$ *ist eine injektive Abbildung*

3. $\alpha \notin \lhd_X(Z_X)$

4. *Es gibt keine echte Teilmenge von Z_X, die alle vorgenannten Eigenschaften von Z_X besitzt.*

Beweis:

- $\alpha \in Z_X$ gilt nach Satz 2.10.

- $\lhd_X : Z_X \mapsto Z_X$ ist eine injektive Abbildung:
  Zu $z \in Z_X$ existiert $x \in X$ so, daß $z \in Z_x$. OBdA sei $z \neq grEl(Z_x)$ (ein solches Modell x existiert, da sonst $z = grEl(Z_X)$ wäre). Dann existiert aber auch $z' \in Z_x$ mit $z \lhd (\leq_x) z'$. Also gilt auch $z \lhd_X z'$.Sind $z, z^* \in Z_X$ mit $z^* \lhd_X z'$ und $z \lhd_X z'$, dann existiert $x \in X$, so daß $z, z', z^* \in Z_x$ und $z^* \lhd_x z'$ sowie $z \lhd_x z'$. Wegen der Bijektivität von $\lhd_x$ muß dann aber $z = z^*$ sein. Also ist $\lhd_X$ eine Abbildung. Sind $z, z', z^* \in Z_X$ und $z \lhd_X z'$ sowie $z \lhd_X z^*$, dann existiert $x \in X$ mit $z, z', z^* \in Z_x$ und $z \lhd_x z'$ sowie $z \lhd_x z^*$. Wegen der Bijektivität von $\lhd_x$ folgt nun $z' = z^*$. Also ist $\lhd_X$ injektiv.

- Es gibt keine echte Teilmenge von Z_X, die alle vorgenannten Eigenschaften von Z_X besitzt:
  Angenommen, T sei eine solche echte Teilmenge. Dann existiert $z \in Z_X \setminus T$. Zu diesem z existiert $x \in X$ mit $z \in Z_x$, $G_i \in G_x$ und $f_i \in f$ mit $z = \#(G_i) = grEl(f_i(G_i))$. Da $\alpha \in T$ ist, muß $z \neq \alpha$ gelten. Andererseits ist nach Annahme $\lhd_X$ eine injektive Abbildung von T nach T, so daß auch $\lhd_X(\alpha) \in T$ ist. Wegen $\lhd_X(\alpha) = \lhd(\leq_x)(\alpha) \in f_i(G_i)$ und wegen der Endlichkeit von G_i bzw. $f_i(G_i)$ folgt dann aber daß auch $z = grEl(f_i(G_i)) \in T$ sein muß im Widerspruch zur Annahme.

2.2.2 Zahlbilder

Zahlbilder sind symmetrische Punktmuster, die zur Darstellung von Zahlen dienen. Am bekanntesten sind die von BÖHME, sie finden sich nämlich auf den üblichen Spielwürfeln (natürlich nur bis zur Sechs). Angeregt durch die Überlegungen zu den Fingerzahlen sowie die Lektüre von W. A. LAYs „Führer durch der Rechenunterricht der Unterstufe“ [Lay] entschloß ich mich zu dem Versuch, Davids Zahlvorstellungen mit Hilfe von Zahlbildern zu erweitern. David konnte mit 3;3 Jahren nur die Anzahl von maximal zwei Objekten sicher bestimmen, er tat das vorwiegend durch Herstellen des entsprechenden Fingermusters – dazu hatte ich ihn schon seit langem angeleitet. Auch sein dritter Geburtstag, in dessen Zusammenhang er das Fingermuster für „3“ als Antwort auf die Frage nach seinem Alter lernte, änderte an der Situation nichts: Er erkannte zwei Objekte immer korrekt, drei häufig korrekt und vier oder mehr überhaupt nicht. Bei drei Objekten zeigte er manchmal vier oder fünf Finger. Es waren nur wenige Untersuchungen mit vier oder fünf Objekten notwendig, um zu sehen, daß er Mengen mit mehr als drei Elementen nicht unterscheiden kann. Auch der Versuch, die Finger den Objekten durch Berühren zuzuordnen schlug fehl: Er ordnete manchmal zwei Fingern (Ring- und Mittelfinger) ein Objekt zu oder ließ ein Objekt bei der Zuordnung aus. Außerdem ist dieses Zuordnungsverfahren beschränkt auf dicht nebeneinander liegende Gegenstände, was ich feststellen mußte,

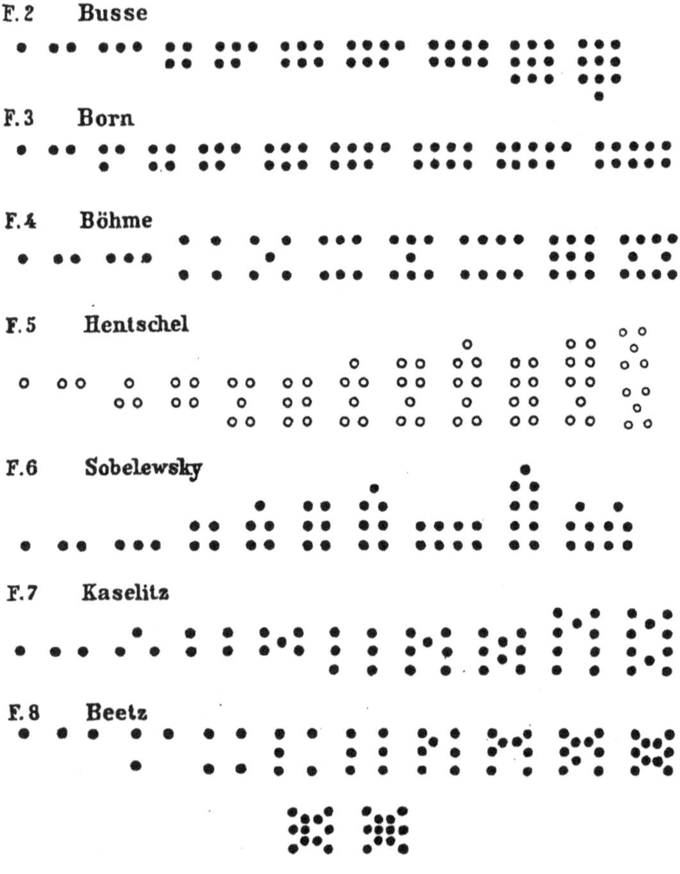

Abbildung 2.1.

als ich ihn nach der Anzahl von zwei Bügelbrettern fragte, die ca. 1m auseinander standen.

Im Alter von 3;2 Jahren zeigte ich David folgendes Würfelspiel mit Domino-Steinen: Jeder nimmt sich drei Steine, dann wird abwechselnd gewürfelt. Befindet sich das Zahlbild, das der Würfel zeigt, auf einem der eigenen Domino-Steine, so legt man diesen Stein beiseite. Andernfalls sucht man einen entsprechenden Stein bei den nicht verteilten Domino-Steinen und legt diesen beiseite. Gewonnen hat, wer zuerst keine Steine mehr hat.

Ich war überrascht, daß die Unterscheidung und Erkennung der Zahlbilder auf dem Würfel für David kein Problem war. Er spielte sehr gerne, konnte sich aber nur für die Dauer eines Spieles konzentrieren. Er begann auch rasch, die Struktur der Zahlbilder sowie Zusammenhänge zwischen diesen zu erkennen. Am 8. Mai, David war 3;3 Jahre alt, begann ich, ihn systematisch in der Verwendung von Zahlbildern zur (An-)Zahldarstellung zu unterweisen. Dazu verwendete ich Gummibärchen. Er sollte die einem Zahlbild entsprechende Anzahl Gummibärchen auf einen Teller legen. Er benutzte dabei eine Strukturierung der Zahlbilder in Zweier-Teilmengen. Ich griff dies auf, und wir entwickelten so die folgenden Beschreibungen der Zahlbilder für drei, vier, fünf und sechs:

drei: zwei und noch eins

vier: zwei und noch zwei

fünf: zwei und noch zwei, und eins in der Mitte

sechs: zwei oben, zwei in der Mitte und zwei unten

Von der vierten Sitzung wurde eine Videoaufzeichnung hergestellt – erstaunlich ist die Lerngeschwindigkeit, mit der David voranschreitet. In den folgenden zwei Wochen hat David die Beschreibungen für drei und vier auch auf andere Objekte seiner Umwelt übertragen: drei Bäume im Garten, vier Kinder beim Spaziergang, vier Fenster eines Hauses. „Fehler“ treten nur auf, wenn die Gegenstände in einer Reihe angeordnet sind: Bei drei Gegenständen kommt es vor, daß er sie als „zwei und noch zwei“ beschreibt, indem er den mittleren Gegenstand doppelt erfaßt. Sind die drei Gegenstände jedoch beweglich und hebt man die lineare Ordnung auf, so wendet er die „richtige“

Beschreibung an. Die folgende Deutung des Verhaltens bietet sich daher an: David kann nur zwei Gegenstände simultan erfassen; liegen die Gegenstände also „ungünstig“, dann kommt es vor, daß er einen Gegenstand doppelt „zählt“.

David hat innerhalb weniger Wochen seine Zahlvorstellungen deutlich erweitert. Statt Fingern benutzt er nun Zahlbilder bzw. deren sprachliche Beschreibung. Er ordnet Mengen die entsprechenden Zahlbilder zu und kann auch umgekehrt zu einem Zahlbild die entsprechende Menge herstellen. Indem er Zweier-Teilmengen bildet und die räumliche Lage der Punkte zueinander benutzt, macht er wesentlich vom Aufbau der Zahlbilder als Punkte eines Gitters Gebrauch. Dies rechtfertigt die Beschreibung seines Verhaltens als ein Verfügen über die folgende Spezialisierung der Zahltheorie:

Modelle, M(Zahlb):
$x \in M(\text{Zählz}) :\Leftrightarrow$ es existieren $Z, G = \{G_1, G_2, \ldots, G_n\}, \sim, \#$ so, daß gilt:

1. $x = (Z, G, \sim, \#) \in M(\text{AZ})$

2. Für alle $z \in Z$ gilt:

   (a) $z \subset \mathbf{N} \times \mathbf{N}$ ist die zusammenhängende Teilmenge eines Punktgitters

   (b) $\#(G_i) = z \iff G_i \sim z$

2.2.3 Stellenwertzahlen

Die Darstellung natürlicher Zahlen im Stellenwertsystem zur Basis zehn wird an deutschen Grundschulen in der zweiten Klasse thematisiert. In anderen Ländern wie z.B. der Schweiz ist dieses Thema schon Gegenstand der ersten Klasse - allerdings ist dort der Zahlbereich, der im ersten Schuljahr behandelt wird, nicht wie in Deutschland auf 20 beschränkt. Die Unterrichtsmethoden sind in diesen beiden Ländern jedoch nicht wesentlich verschieden: Die Darstellung einer

Zahl (< 100) im Zehnersystem wird gegenüber Schülern dadurch begründet, daß man die entsprechende Anzahl homogenen Materials in möglichst viele Zehner-Bündel aufteilt und anschließend die Anzahl der Zehner-Bündel und der restlichen Einer in einer Tabelle, der sogenannten Stellenwerttafel, notiert. Durch Weglassen der Tabelle erhält man schließlich die übliche Zahldarstellung. Neben diesem homogenen Material wird auch gerne vorgebündeltes Material wie die Dienes-Blöcke verwendet. In den folgenden Schuljahren wird der Zahlbereich dann sukzessive durch Hinzufügen weiterer Bündelstufen erweitert.

In den 80er Jahren wurden mehrere empirische Untersuchungen zum Verständnis des Zehnersystems bei Schülern durchgeführt ([Kamii, C.], [Kamii, M.], [Bednarz], [Brun]); sie alle kamen zu dem überraschenden Schluß, daß sich ein solches Verständnis bei sehr vielen Schülern nur sehr langsam über mehrere Jahre hin entwickelt [Sinclair]:

> From the very beginning of primary school, these children have spent much time grouping and re-grouping in different bases; right from the start they are encouraged to understand that in two-digit notations one digit corresponds to a number of units, while the other corresponds to a number of groups of units [...]. Our results show that until group-5 type responses are obtained (a fair proportion of eight-year-olds and all ten nine-year-olds) this fact is not linked to an understanding of our written numeration.

Anne Sinclaire und ihre Mitarbeiterinnen Anne Garin und Chantal Tièche-Christinat zeigen in ihrer Studie [Sinclair] außerdem verschiedene Fehlertypen bei der Interpretation zweiziffriger Zahlen durch Grundschüler auf:

1. *Keine Partition:*

   (a) *Ziffernwert:* Die Schüler ordnen jeder Ziffer der Zahl die entsprechende Anzahl Plättchen zu, aber ohne den Stellenwert zu berücksichtigen. Z.B. ein Plättchen für die „1" und drei Plättchen für die „3" in „13".

   (b) *Zwei Plättchen:* Die Schüler ordnen jeder Ziffer (bzw. Stelle) genau ein Plättchen zu.
   (c) *Unbestimmte Ziffern:* Jede Ziffer der Zahl steht ebenso wie die Zahl selbst für die Gesamtheit der Plättchen. Z.B. wird sowohl der „1“ als auch der „3“ in „13“ die gesamte Menge von 13 Plättchen zugeordnet.

2. *Falsche Partition:*
   (a) *Halbieren:* Die gegebene Menge von Plättchen wird in zwei ungefähr gleich große Mengen aufgeteilt; diese werden den Einern und Zehnern zugeordnet. Z.B. sechs Plättchen für die „1“ und sieben Plättchen für die „3“ in „13“.
   (b) *Wiederholte Ziffernwerte:* Die Schüler bilden Mengen, die die Mächtigkeit der Ziffern haben, z.B. Mengen mit 1, 3, 1, 3, 1, 3 Plättchen für „13“. Der Rest wird irgendeiner Ziffer zugeordnet.
   (c) *Ziffernwerte und Rest:* Jeder Ziffer wird ohne Beachtung des Stellenwertes die entsprechende Anzahl Plättchen zugeordnet. Der Rest wird irgendeiner Ziffer zugeordnet.
   (d) *Ein Ziffernwert und Rest:* Genau einer Ziffer wird ohne Beachtung des Stellenwertes die entsprechende Anzahl Plättchen zugeordnet; die restlichen Plättchen werden der anderen Stelle zugeordnet.[17]

Es ist plausibel anzunehmen, daß viele der Fehler, die Schüler bei den schriftlichen Rechenverfahren, insbesondere bei der Subtraktion machen ([Gerster]) von einem mangelhaften Verständnis des Zehnersystems herrühren. Einen solchen Zusammenhang vermuteten auch JAMES HIEBERT und Diana WEARNE [Hiebert]. Sie konnten zeigen, daß Schüler, die das Stellenwertsystem verstanden hatten, häufiger richtige Antworten auf Additions- und Subtraktions-Aufgaben geben als andere:

[17] Diese Strategie kommt der „richtigen“ Zerlegung nahe, wenn es die Einer sind, zu denen eine Teilmenge konstruiert wird.

> Our second hypothesis was that understanding may help students make sense of instruction and may help them acquire prescribed or explicitly discussed procedures with more meaning. Again, the data are consistent with this hypothesis. Because performance levels after instruction can look very similar for understanders and non-understanders [...], the relevant data are found using other tasks. Performance levels on more challenging tasks, such as subtraction with regrouping, indicated that understanders were more inclined to quickly adopt and use correctly an efficient written procedure when it was introduced by the teacher [...]. The results on the demonstrate task indicated that understanders could explain the meaning of standard procedure they learned during instruction, whereas non-understanders could not. Finally, there was some evidence that non-understanders suffered from forgetting a learned procedure when it was not used regularly.

Darüber hinaus ist ganz erstaunlich, daß Schüler mit Verständnis für das Stellenwertsystem fähig sind, das Additionsverfahrens im Prinzip selbst zu entwickeln:

> Figure 3[18] shows a gradual increase in computation performance for the understanders and a zero-level performance for nonunderstanders until after instruction.[...] Taken together, the data in Figures 2 and 3 suggest a relatively close relation between understanding and skill before instruction.

[18]siehe Abb. 2.2

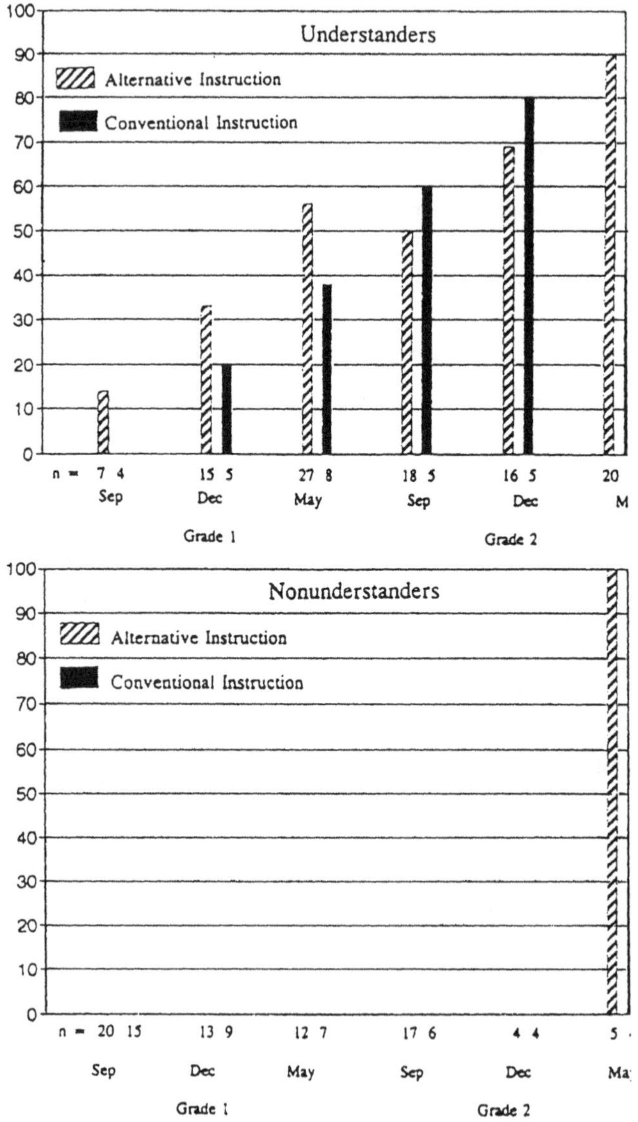

Abbildung 2.2: Prozentsatz von Schülern, die 28 + 35 = ... richtig beantworteten

HIEBERT und WEARNE halten diese Fähigkeit für die Folge eines grundlegenden Verständnisses des Stellenwertsystems. *Die Analyse des Bündelungsverfahrens zur Herstellung einer Stellenwertzahl zeigt darüber hinaus, daß Additionsverfahren und Stellenwertsystem untrennbar miteinander verbunden sind, so daß es auch nicht möglich ist, das Additionsverfahren aus einer geeigneten Definition des Stellenwertsystems abzuleiten*: Bei der Ermittlung der zu einer Menge A gehörenden Stellenwertzahl wird diese Menge derart in disjunkte Teilmengen zerlegt, daß jede Teilmenge durch genau eine Ziffer in der Stellenwerttafel darstellbar ist. Die gesamte Anzahl der Elemente von A ergibt sich anschließend als Summe der Mächtigkeiten der disjunkten Teilmengen nach dem üblichen Additionsverfahren. Besitzt z.B. eine Menge 23 Elemente, dann wird daraus zunächst eine Teilmenge mit zwei Zehnern und eine Teilmenge mit drei Einern gebildet. Dazu benötigt man lediglich die „Division mit Rest", die auch ohne Zugrundelegung des Stellenwertsystems und seiner Verfahren verstehbar ist. Jedoch stellt die Zusammenfassung von „2 Zehner und null Einer" und „3 Einer" zu „23" nun eine Anwendung des Additionsverfahrens dar. Daß die Summe zweier Stellenwertzahlen die Mächtigkeit der Vereinigungsmenge der den Summanden entsprechenden Mengen wiedergibt, ist also keine ableitbare Aussage, sondern das Fundamentalgesetz in einer strukturalistischen Darstellung.

Um dieses Gesetz formulieren zu können, müssen wir zunächst präzisieren, was unter „Division mit Rest" hier zu verstehen ist. Wir orientieren uns dabei an dem Vorgang des Bündelns einer endlichen Menge zu Zehnern. Ist m die Mächtigkeit der zu bündelnden Menge, so liefert uns dieser Vorgang eine Anzahl q von Zehner-Bündeln und eine restliche Menge von Einern, deren Anzahl r sei. Mit diesen Bezeichnungen gilt dann $m = q \cdot 10 + r$, was die Benennung „Division mit Rest" rechtfertigt. Wenn wir diese Operation nun in unserer Theorie definieren, dann müssen wir noch einige Besonderheiten beachten:

- Wenn beim Bündeln keine Zehner enstehen oder kein Rest bleibt, dann können wir dafür keine Zahldarstellung aus Z verwenden, da uns die „Null" bislang „noch nicht bekannt ist". Wir benötigen deshalb ein neues Objekt als Zeichen für ein solches Ergebnis.

- Die Anzahl der Zehner kann so groß sein, daß es dafür keine Zahldarstellung in der zugrundegelegten Menge Z gibt. Wir brauchen in diesem Fall kein eigenes Zeichen für die Anzahl, da in der Praxis nur die Anzahl der restlichen Einer von Bedeutung ist und die Menge der Zehner weiter gebündelt werden kann.

- Ist die Anzahl der Zehner ≥ 10, dann wird diese Menge zu „Hundertern" gebündelt. Wir brauchen das aber nicht eigens in der Definition zu erfassen, da dieses Bündeln stets als wiederholtes Bündeln zu Zehner durchgeführt wird, aber in Bezug auf eine andere Menge: nämlich die der zuvor hergestellten Zehner.

Definition 2.8 *Eine endliche Menge G heißt* **gebündelt modulo z**, *falls gilt:*

1. $(Z, \{G_1, \ldots, G_n\}, \sim, \#) \in M(ZZ)$

2. $G = \dot{\bigcup}_{i=1,\ldots,n} G_i$

3. $z \in Z$

4. *Es existiert höchstens ein* $i \in \{1, \ldots, n\}$ *mit* $\#(G_i) < z$

5. *Für alle* $i \in \{1, \ldots, n\}$ *folgt* $\#(G_i) = z$ *aus* $\#(G_i) \geq z$

Abb. 2.3[19] zeigt eine typische Aufgabe zum Herstellen von Mengen, die modulo 10 gebündelt sind. Die Ausgangsmenge G besteht aus Murmeln, die noch nicht zu Bündeln zusammengefaßt sind. Am Ende des Bündelungsvorgangs liegen Mengen $G_1, \ldots, G_n$ vor, wie sie in der Definition 2.8 beschrieben sind.

[19] Aus: „Denken und Rechnen 1, Rheinland-Pfalz/Saarland, 1996, S.114

Bündeln – Zehner und Einer

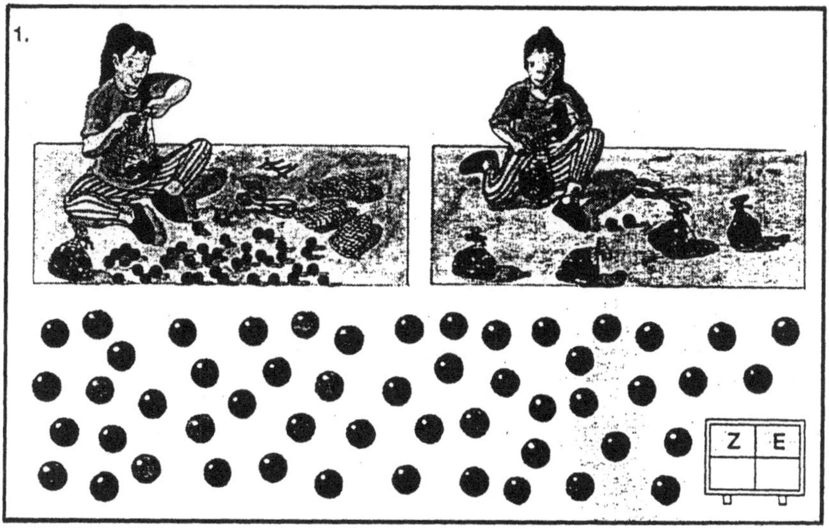

Abbildung 2.3: Bündeln modulo 10

Definition 2.9 *M sei gebündelt modulo z,* $G = \dot{\bigcup}_{i=1,\ldots,n} G_i$, *und* $m = \#(G)$.

1. *Existiert* $k \in \{1, \ldots, n\}$ *mit* $\#(G_k) < z$, *dann sei* $\mathbf{mMOD_z} = \#(G_k)$ *und sonst* $= 0$, *wobei* $0 \notin Z$.

2. *Existiert* $k \in \{1, \ldots, n\}$ *mit* $\#(G_k) = z$, *und ist* $\#(\{G_i \mid \#(G_i) = z\}) \in Z$, *dann sei* $\mathbf{mDIV_z} = \#(\{G_i \mid \#(G_i) = z\})$; *Existiert kein* G_k *mit* $\#(G_k) = z$, *dann sei* $mDIV_z = 0$ *wobei* $0 \notin Z$.

In das mit Z bezeichnete Kästchen in Abb. 2.3 ist die Anzahl der Zehnerbündel einzutragen, also $mDIV_{10}$, und in das mit E bezeichnete Kästchen die Anzahl der übrigen Murmeln, also $mMOD_{10}$, wobei m die Gesamtzahl der Murmeln sei.

In der folgenden Definition der *Dekadischen Stellenwertzahlen* *DSWZ* sind die Zahldarstellungen Z k-Tupel der Ziffern von $0 \dots 9$. Wir können die einzelnen Zahldarstellungen daher auch als endliche Folgen $(m_s)_{s=0}^{k}$ notieren. Beispielsweise beträgt die Anzahl der Murmeln in Abb.2.3 52, was wir als Folge $(m_s)_{s=0}^{1}$ mit $m_0 = 2$ und $m_1 = 5$ betrachten und kurz (2,5) schreiben.

Modelle, M(DSWZ):
$x \in M(DSWZ) :\Longleftrightarrow$ es existieren $Z, G = \{G_1, G_2, \dots, G_n\}, \sim, \#, 0$ so, daß gilt:

1. $x = (Z, G, \sim, \#) \in M(\mathrm{AZ})$

2. Es existiert $m \in \mathbf{N}$, so daß $Z \subseteq \bigcup_{k=1}^{m} \left(\overset{k}{\underset{i=1}{\times}} Z' \right)^{*}$,
   wobei $Z' = \{1, \dots, 9\} \cup \{0\}$

3. Sind G_i, G_j und G_k Mengen mit $G_k = G_i \dot{\cup} G_j$ und ist $(m_{r,s})_{s=0}^{n_r} = \#(G_r)$ für $r \in \{i, j, k\}$, dann gilt: [20]

$$\begin{aligned} m_{k,0} &= (m_{i,0} + m_{j,0}) MOD_{10} \\ \ddot{u}_1 &= (m_{i,0} + m_{j,0}) DIV_{10} \\ m_{k,t} &= (m_{i,t} + m_{j,t} + \ddot{u}_t) MOD_{10} \quad \text{für } t \geq 1 \\ \ddot{u}_{t+1} &= (m_{i,t} + m_{j,t} + \ddot{u}_t) DIV_{10} \quad \text{für } t \geq 1 \end{aligned}$$

   und für das Rechnen mit „0" gilt:

$$x + 0 = x \quad \text{sowie } 0 + x = x \quad \text{für alle } x \in Z'$$

Betrachten wir noch einmal Abb.2.3, aber jetzt als Modell des Theorie-Elements $DSWZ$: Mit G_1 bezeichnen wir die (ungebündelte) Menge der Murmeln, mit G_2 die Teilmenge von G_1, welche die Menge der Zehner-Bündel ergibt, und mit G_3 die Menge der restlichen

---

* $\overset{2}{\underset{i=1}{\times}} Z' := Z' \times Z'$ und $\overset{k+1}{\underset{i=1}{\times}} Z' := \left(\overset{k}{\underset{i=1}{\times}} Z' \right) \times Z'$

[20] $m_{r,s} := 0$ für $s > n_r, r \in \{i, j, k\}$

Murmeln. Insbesondere gilt dann $G_1 = G_2 \dot{\cup} G_3$. Wählen wir für die Mächtigkeiten dieser Mengen (in unserer Notation): $\#(G_1) := (2,5)$, $\#(G_2) := (0,5)$ und $\#(G_3) := (2)$, dann ist das Fundamentalgesetz des Theorie-Elements erfüllt.

Bündelwertzahlen

Die Einführung von Zahlen als Stellenwertzahlen geschieht in Schulen vorwiegend über das Bündeln von Mengen. Dabei wird die Anzahl der Zehnerbündel und der übrigen Einer in einer Stellenwerttafel notiert. Sehr häufig findet man auch die Notation 'nZ mE' für die Zahl $n \cdot 10 + m$ (s. Abb.2.4[21]). Wir wollen solche Zahldarstellungen in Analogie zu den Stellenwertzahlen als *Dekadische Bündelwertzahlen DBWZ* bezeichnen. Nun ist die Reihenfolge der Notation dieser Zah-

3. Wie heißt die Zahl? Schreibe so: 3Z 8E = 38

a) 3 Z 8 E =	*b)* 2 Z 7 E =	*c)* 3 Z 9 E =	*d)* 3 Z 5 E =	*e)* 4 Z 6 E =
2 Z 4 E =	1 Z 9 E =	3 Z 0 E =	4 Z 1 E =	5 Z 0 E =

4. Wie viele Zehner und wie viele Einer? Schreibe so: 18 = 1Z 8E.

a) 18 = Z E	*b)* 25 = Z E	*c)* 31 = Z E	*d)* 40 = Z E
20 = Z E	29 = Z E	37 = Z E	45 = Z E

Abbildung 2.4: Dekadische Bündelwertzahlen

len im Gegensatz zur gebräuchlichen Notation von Zahlen im Stellenwertsystem irrelevant, denn nZ mE bezeichnet dieselbe Zahl wie mE nZ. Dekadische Bündelwertzahlen sind also keine Folgen von Ziffern 1,2,3, ..., sondern es sind Mengen von Tupeln (n, B) mit Ziffern n und Bündelzeichen B. Darüber hinaus wird die Verwendung der Null überflüssig, da das Fehlen einer Bündelart durch das Weglassen des entsprechenden Bündelsymbols bei der Notation angezeigt werden kann: nZ 0E = nZ. Der auffälligste Unterschied ist aber die Verwendung von Bündelzeichen (E, Z, H, ...), die in einem Stel-

[21] Aus: Multi 2, Rheinland-Pfalz, 1989, S.15

lenwertsystem gar nicht benötigt werden. Trotz dieser Unterschiede zur gebräuchlichen Notation von Zahlen im Stellenwertsystem weisen diese dekadischen Bündelwertzahlen viel Ähnlichkeit mit Stellenwertzahlen auf. Dies gilt vor allem bei der Anzahlbestimmung: Die Menge, deren Anzahl bestimmt werden soll, wird zunächst in kleinere Bündel unterteilt; die einfach zu bildende Summe dieser Bündel ist sodann die gesuchte Zahl: Eine Menge von beispielsweise 23 Objekten wird in zwei Zehnerbündel und drei Einer unterteilt, die Mächtigkeit der Menge ist daher 2Z + 3E also 2Z 3E.

Das Theorie-Element der dekadischen Bündelwertzahlen unterscheidet sich in einigen Formulierungen deutlich von dem der dekadischen Stellenwertzahlen: Die Zahldarstellungen Z sind keine k-Tupel, sondern Mengen von Zweier-Tupeln (z.B. $\{(2, Z), (3, E)\}$, und die Ziffer Null wird nicht benötigt. Gemeinsam ist beiden Theorie-Elementen die Verwendung von Mengen, die „modulo 10“ gebündelt sind. Aber schon bei der Definition der Operationen „MOD“ und „DIV“ besteht ein Unterschied bezüglich des Vorkommens der „Null“. Wir kommen also nicht umhin, diese Operationen für Bündelwertzahlen neu zu definieren:

Definition 2.10 *M sei gebündelt modulo z,* $G = \dot{\bigcup}_{i=1,\ldots,n} G_i$, *und* $m = \#(G)$.

1. *Existiert* $k \in \{1, \ldots, n\}$ *mit* $\#(G_k) < z$, *dann sei* $\mathbf{mMod_z} = \#(G_k)$.

2. *Existiert* $k \in \{1, \ldots, n\}$ *mit* $\#(G_k) = z$, *und ist* $\#(\{G_i \mid \#(G_i) = z\}) \in Z$, *dann sei* $\mathbf{mDiv_z} = \#(\{G_i \mid \#(G_i) = z\})$.

Bemerkung: Die Funktionen MOD_{10} und DIV_{10} unterscheiden sich von Mod_{10} und Div_{10} nur dadurch, daß im Wertebereich letzterer die Ziffer 0 nicht vorkommt.

Bei der formalen Beschreibung der Addition von dekadischen Bündelwertzahlen lassen wir uns von der Handlung leiten, die man mit konkretem Bündelmaterial (z.B. nach Dienes) ausführt. Wir gehen also davon aus, daß unterschiedliche *Bündelwerte* $\{B_1, B_2, \ldots, B_t\}$ vorliegen, z.B. „Einer“, „Zehner“, „Hunderter“, „Tausender“. Die Summe zweier Zahldarstellungen m_i und m_j erhalten wir grob betrachtet, indem wir entsprechende Bündelwerte zusammenfassen. Dazu dient in M(DBWZ) die Menge S_l, sie besteht aus den Tupeln zum Bündelwert B_l. Wir müssen aber auch berücksichtigen, daß es zu Überträgen kommt, falls 10 oder mehr Stück eines Bündelwertes durch die Zusammenfassung aus den Zahlen m_i und m_j entstehen. Alle vorkommenden Überträge fassen wir in der Zahldarstellung m_h zusammen.

Betrachten wir folgendes Beispiel:

$$m_i := \{(1, H), (8, Z), (7, E)\}$$

$$m_j := \{(4, Z), (5, E)\}$$

Dann ist die Gesamtmenge der Einer: $S_E = \{(7, E, i), (5, E, j)\}$. Wir haben die Tupel der Zahldarstellungen m_i und m_j zu Tripeln ergänzt, um auch solche Fälle durch eine Menge beschreiben zu können, in denen identische Tupel vorkommen.

Für die Darstellung m_k der Summe von m_i und m_j können wir bereits die Anzahl der Einer angeben: $(2, E) \in m_k$. Wir wissen außerdem, daß die Zusammenfassung der Einer einen Übertrag zu den Zehnern ergibt. Also ist $(1, Z) \in m_h$.

Diesen Übertrag berücksichtigen wir bei der Zusammenfassung der Zehner: $S_Z = \{(8, Z, i), (4, Z, j), (1, Z, h)\}$. Damit erhalten wir die Anzahl der Zehner: $(3, Z) \in m_k$. Außerdem ergibt sich ein Übertrag zu den Hundertern: $(1, H) \in m_h$.

Die Zusammenfassung der Hunderter lautet schließlich: $S_H = \{(1, H, i), (1, H, h)\}$. Damit steht auch ihre Anzahl fest: $(2, H) \in m_k$. Also ist $m_k = \{(2, H), (3, Z), (2, E)\}$

Modelle, M(DBWZ):
$x \in M(DBWZ) :\Longleftrightarrow$ [22] es existieren $Z, B = \{B_1, B_2, \ldots, B_r\}, G = \{G_1, G_2, \ldots, G_n\}, \sim, \#$ so, daß gilt:

[22] $B_1, B_2, \ldots$ sind Bündelzeichen, z.B. E, Z, H, T

1. $x = (Z, G, \sim, \#) \in M(\mathrm{AZ})$

2. $Z \subseteq Pot(Z' \times B)$ mit $Z' = \{1, \ldots, 9\}$, und in jedem $z \in Z$ kommt jedes B_i höchstens einmal vor, d.h. $(\forall y \in z)(\pi_2(z \backslash \{y\}) \neq \pi_2(z))$.[23]

3. Sind G_i, G_j und G_k Mengen mit $G_k = G_i \dot{\cup} G_j$ und ist $m_s = \#(G_s)$ für $s \in \{i, j, k\}$, dann gilt für $(c, B_l) \in m_k$:

$$c = \left(\sum_{x \in S_l} \pi_1(x) \right) Mod_{10}$$

$$B_{l+1} \in \pi_2(m_h) \Leftrightarrow \left(\sum_{x \in S_l} \pi_1(x) \right) Div_{10} = 1 \Rightarrow (1, B_{l+1}) \in m_h{}^{*}$$

dabei ist

$$S_l = \left\{ (z, b, s) \in \bigcup_{r \in \{i,j,h\}} (m_r \times \{r\}) \middle| b = B_l \right\}$$

[23] π_2 sei die Projektion $\pi_2((a, b)) := b$ und π_1 die Projektion auf die erste Komponente

* m_h ist die Zahl, die sich aus den Überträgen zusammensetzt

Kapitel 3

Anschauungsmaterial des Rechenunterrichts

In diesem letzten Kapitel sollen auf dem Hintergrund der im vorherigen Kapitel erfolgten Analyse des Zahlbegriffs[1] „Anschauungsmaterialien" diskutiert werden, die im Rechenunterricht der Primarstufe verwendet werden.

Der im vorigen Kapitel analysierte Zahlbegriff ist vor allem auf Grundschüler und Kinder im Vorschulalter anwendbar, da mit der Einführung von Bruchzahlen an weiterführenden Schulen der Anwendungsbereich dieses Zahlbegriffs verlassen wird. An deutschen Grundschulen wird im ersten Schuljahr der Zahlenraum bis 20 und im zweiten Schuljahr der bis 100 erarbeitet. Es existiert dazu eine Vielzahl an Material: Zahlenstrahl, CUISENAIRE-Stäbe bzw. TILLICHsche Rechenstäbe, Rechenmaschine, Steckwürfel, DIENES-Bündelmaterial, Abakus, usw. „Materialien", die verwendet werden *müssen*, sind: die gesprochenen Zahlwörter und die geschriebenen Ziffern.

[1]Der *Zahlbegriff* ist hier als ein Theorie-Element der *Zahltheorie* zu verstehen, also der Theorie, wie sie in Kapitel 2 präzisiert ist. Eigentlich existiert dann nicht nur *ein* Zahlbegriff, so daß hier der Plural *Zahlbegriffe* zu verwenden wäre. Bezogen auf jeweils einen Schüler in einer bestimmten Situation ist es dennoch plausibel, von *dem* Zahlbegriff zu reden.

Es mag ungewöhnlich erscheinen, Zahlwörter und Ziffern als „Material“ im Rechenunterricht anzusehen. Dieses Unbehagen könnte daher rühren, daß Zahlwörter und Ziffern in Schulbüchern häufig so behandelt werden, als wären es *die* Zahlen schlechthin, also die einzigen Referenzobjekte des Ausdrucks „Zahl“: In den Schulbüchern des ersten Schuljahres finden sich fast immer nur Übungen des Zuordnens von Mengen zu Ziffern (bzw. Zahlwörtern), aber so gut wie nie Zuordnungen von Mengen zu Zahlbildern, Strichlisten oder Fingern. Besonders deutlich wird diese Haltung bei einer Aufgabe in „Das Zahlenbuch“[2] (s. Abb.3.1). Die „Strichliste“ des Hirten ist danach *keine* Zahl.

Der Einsatz von Anschauungsmaterial im Unterricht hat i.a. den Zweck, „verborgene“ Aspekte eines Objektes hervorzuheben, um Schülern diese Aspekte leichter zugänglich zu machen. Mit CUISENAIRE-Stäben läßt sich beispielsweise veranschaulichen, daß jede natürliche Zahl als ein Vielfaches der „Einheit“ (1) angesehen werden kann. Da nach herkömmlicher Auffassung Zahlen nicht sinnlich erfaßbar sind, ist es durchaus verständlich, daß Zahlwörter oder Ziffern, die in der Schulpraxis so behandelt werden, als wären sie „abstrakte“ Zahlen, nicht der Anschauung dienen können. Zahlwörter und Ziffern sind dann vielmehr die Objekte, die man mit geeignetem Material zu veranschaulichen versucht.

Wir nehmen aber andererseits nicht an, daß es die erklärte Absicht eines Lehrers ist, seinen Schülern zu vermitteln, Ziffern oder Zahlwörter seien die „Zahlen schlechthin“, bzw. in der Terminologie der Anzahl-Theorie, daß Ziffern und Zahlwörter die einzigen Objekte sind, die in der Zahlenmenge Z eines Modells $(Z, G, \sim, \#)$ vorkommen können. Die meisten Situationen des Alltags können gewiß so beschrieben werden, daß Zahlwörter die Zahlenmenge Z eines rekonstruierten Zahlbegriffs bilden. Aber es gibt auch etliche Situationen, die angemessener durch eine andere Zahlenmenge wiedergegeben werden (z.B. bei Würfelspielen, bei der Anzahlangabe mit den Fingern oder einer Strichliste etc.). Dies unterstreicht die prinzipielle Gleich-

[2] „Das Zahlenbuch“, 1. Schuljahr, S. 92

Abbildung 3.1

wertigkeit der erwähnten „Materialien“ bei der Verwendung als Zahlen.

Faßt man den Ausdruck „Material“ nun in dieser Allgemeinheit auf, so stellt sich für den Mathematikunterricht in den ersten beiden Schuljahren die Frage, wann und wie das entsprechende Material im Hinblick auf das jeweilige Lernziel einzusetzen ist. Wann ist es beispielsweise sinnvoll, Zahlbilder zu verwenden, was können diese leisten, und welche zahlbegriffliche Vorstellung (welche Zahltheorie) wird damit beim Schüler induziert? Diese Fragen können natürlich nicht allgemein für alle Materialien diskutiert werden, sondern immer nur spezifisch für jedes einzelne Material. Die weitere Gliederung dieses Kapitels ist daher durch die verschiedenen Unterrichtsmaterialien vorgegeben.

3.1 Zahlwörter, Zahlbilder und Fingerzahlen als „erste“ Zahlen

Die ersten Zahlwörter („zwei“ und „drei“) lernen Kinder bereits mit dem Beginn des Spracherwerbs, so daß sie diese diversen Mengen (z.B. zwei Enten in einem Teich, drei Gummibärchen auf einem Tisch) korrekt zuordnen können. Das Verfahren, das dieser Zuordnung zugrunde liegt, ist nicht bekannt. Die folgenden allgemeinen Überlegungen dazu sind dennoch ausreichend, um dieses Phänomen im Sinne der Theorie *ZT* zu beschreiben:

> Die Beschränktheit des Verfahrens auf kleine Mengen und die Schnelligkeit der Zuordnung legen die Vermutung nahe, daß es sich hier um das sogenannte Subitizing handeln könnte: das bei Erwachsenen seit langem bekannte schnelle Erfassen kleiner Mengen (s.a.: Kap. 2.1.3). Die Beschränktheit auf kleine Mengen wiederum könnte an einer Kapazitätsbeschränkung unseres Gehirns bei der Verarbeitung von Informationen aus den Sinnen liegen und unterliegt einem Reifungsprozeß, was erklären würde, daß der Anwendungsbereich des Subitizing im Laufe der Entwicklung eines Kindes von drei auf bis zu sieben Gegenstände anwächst. Diese Gegenstände selbst können durchaus einen komplexen Aufbau aus mehreren anderen Gegenständen haben, z.B: zwei Kaffeegedecke auf einem Tisch, jeweils bestehend aus einer Kaffeetasse, einer Untertasse und einem Kuchenteller, oder zwei Spielzeughäuschen, die jeweils aus mehreren Legobausteinen zusammengesetzt sind. Diese Beispiele zeigen, daß das Erfassen von *Mengen* bereits ein nicht-trivialer Informa-

tionsverarbeitungsprozeß ist.

Für das weitere wollen wir jedoch voraussetzen, daß klar ist, aus welchen Elementen die in Betracht kommenden Mengen bestehen (im obigen Beispiel: $\{Gedeck_1, Gedeck_2\}$ und $\{Häuschen_1, Häuschen_2\}$). Beobachtungen zum Subitizing an Menschen und Tieren legen die These nahe, daß viele (hochentwickelte) Tierarten wie Säugetiere oder Vögel über einen „Anzahlsinn" verfügen. Wir vermuten also: *Mengen kleiner, aber unterschiedlicher Kardinalität veranlassen unterschiedliche Wahrnehmungen in uns.* Diese Wahrnehmungen ermöglichen es insbesondere dem Menschen, die entsprechenden Mengen mit unterschiedlichen Zahlwörtern zu bezeichnen. Das Diagramm der Abbildung 3.2 veranschaulicht unsere Annahme am Beispiel einer Menge $\{a, b, c\}$, zu der das Zahlwort „drei" erzeugt wird.

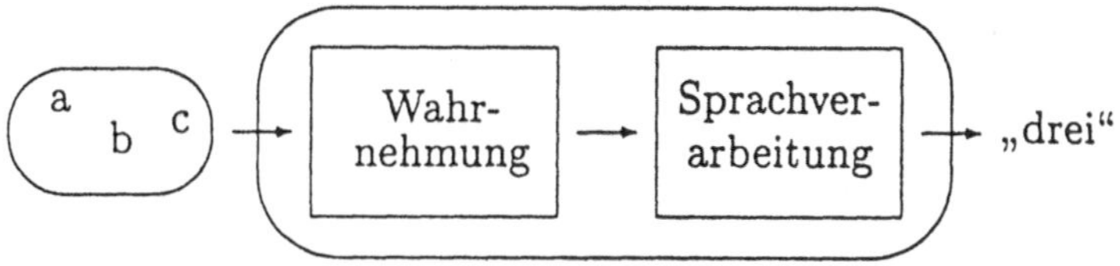

Abbildung 3.2: Subitizing

Man kann das in Analogie zum Erlernen der Farben sehen: Wir wissen, daß unsere Netzhaut aus unterschiedlichen Rezeptoren besteht, welche es uns ermöglichen, Farben zu unterscheiden. Ein roter Gegenstand kann daher, je nachdem wie die elektrischen Informationen der Rezeptoren weiterverarbeitet werden, andere Eindrücke verursachen als ein blauer oder ein grüner. Dies ist eine wesentliche Voraussetzung dafür, daß ein Mensch den unterschiedlichen Farben des für Menschen sichtbaren Spektrums der elektromagnetischen Wellen unterschiedliche sprachliche Ausdrücke zuordnen kann.

Dem sichtbaren Farbspektrum entsprechen in unserer Analogie beim Subitizing „kleine“ Mengen. Entsprechungen zu Organen der Netzhaut, in denen das einfallende Licht auf bestimmte Frequenzbereiche hin analysiert wird, sind beim Subitizing nicht zu erwarten, da die zu betrachtenden Elemente bereits Produkte eines komplexeren Informationsverarbeitungsprozesses sind, wie schon oben angedeutet wurde.[3] Aber dennoch ist vorstellbar, daß ein solcher Prozeß an seinem Ende bei unterschiedlich großen Mengen verschiedene elektrische Informationen liefert, welche dann auch unterschiedliche nachgeordnete Prozesse auslösen können und eben auch eine Unterscheidung in der Sprache ermöglichen.

Neben den gesprochenen Zahlwörtern verwenden Kinder sehr häufig auch ihre Finger als Zahlen. Dabei muß die Zuordnung „Menge $\mapsto$ Finger“ nicht durch Abzählen geschehen, wie man an Kindern beobachten kann, die zwar noch nicht mittels Zahlwortreihe zählen können, aber dennoch ihre Finger zur Anzahlangabe verwenden (s.a.: Kap.2.1.3). Auch in solchen Fällen ist zu vermuten, daß der Anzahlbestimmung das Subitizing zugrunde liegt. Die Verwendung von Fingern hat gegenüber Zahlwörtern den Vorteil, daß man mit ihnen bereits einfache Rechnungen ausführen kann. Allerdings muß das Kind dazu einen Sichtwechsel vornehmen: Finger – als Zahlen betrachtet – sind Entitäten, und um mit ihnen rechnen zu können, muß man das „Fingermuster“ in seine Elemente zerlegen, d.h. als Menge behandeln.

Eine weitere Art von Zahlen, die Kinder im Vorschulalter von Spielen her kennen, sind Zahlbilder. Aufgrund des in Kap.2.2.2 geschilderten Verhaltens von David beim Spiel mit Dominosteinen halten wir es für einen Irrtum zu glauben, Kinder könnten diese Punktmuster nur durch das Abzählen der Punkte unterscheiden. Die geometrische Anordnung der Punkte ist für jedes Bild so charakteri-

[3]Es gibt keine sensorischen Nervenzellen, die zwischen Mengen von zwei und drei Elementen unterscheiden können.

stisch, daß es auch Kindern, die noch nicht zählen können, möglich ist, diese zu unterscheiden. Daher können solche Zahlbilder ebenso wie Zahlwörter zur Anzahlangabe verwendet werden. Auch sie bieten wie die Finger den Vorteil, daß man mit ihnen einfache Rechnungen ausführen kann, wobei abermals ein Sichtwechsel notwendig ist. Besonders nützlich können Zahlbilder im ersten Schuljahr beim Memorieren der additiven Zahlensätze eingesetzt werden, da sich die Punktmuster häufig so in Teilmuster zerlegen lassen, daß sich daraus leicht ein Additionssatz in Zahlwörtern oder Ziffern ableiten läßt (s.Abb.3.3). Verwendet man im Unterricht nicht nur „starre“ Bilder,

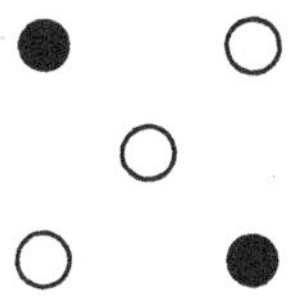

Abbildung 3.3: „$3 + 2 = 5$“

sondern auch loses Material wie z.B. Wendeplättchen zur Arbeit mit Zahlbildern, dann läßt sich durch eine (leichte) Veränderung der Anordnung eines Zahlbildes die Anzahl der ableitbaren Additionssätze bei einigen Bildern noch deutlich steigern.

Im ersten Schuljahr werden im Gegensatz zur Vorschulzeit nicht nur die Zahlen benötigt, die sich auf Spielwürfeln befinden. Man braucht zumindest noch die Zahlen bis zehn. Diese sind nicht mehr durch Subitizing zu erfassen und sind wohl kaum einem Schüler vertraut. Andererseits muß man sehen, daß ein großer Teil der Zahlen (nämlich $1 \ldots 6$) den Schülern sehr gut bekannt ist, so daß nur ein kleiner Teil ($7 \ldots 10$) neu hinzukommt. Das Versagen des Subitizing für diesen Bereich ist unbedeutend, da Kinder in diesem Alter bereits über einen Zählzahlbegriff verfügen und sich die Muster so erschließen können. Übrigens können wie die Zahlbilder natürlich auch die Finger außerhalb des Subitizingbereichs verwendet werden, was sich besonders zum Memorieren der Zerlegungen einer Zahl $y > 5$ in $y = 5 + x$

und insbesondere bei der Zerlegung $10 = 5 + 5$ empfiehlt.

3.2 Zahlwörter als Zählzahlen

Jene oben erwähnten ersten Zahlwörter werden Kindern unseres Kulturkreises häufig schon vor Eintritt in den Kindergarten auch als Elemente der Zahlwortreihe vermittelt. Ihre dortige Verwendung unterscheidet sich aber grundsätzlich von der dem Kind bereits vertrauten, da mit der Zahlwortreihe ein ganz anderes Verfahren der Anzahlbestimmung verbunden ist: Während wir vermuten, daß das Subitizing wesentlich auf einem *angeborenen* „Anzahlsinn" beruht, muß die Technik der Anzahlermittlung mittels Zahlwortreihe erst *erworben* werden und führt so zu einem Zahlenverständnis, das durch die *Zählzahltheorie* T_{ZZ} beschrieben wird (s. Kap.2.2.1). So gesehen kann einem Kind, das nur über den angeborenen Zahlbegriff verfügt, der Zählvorgang, den es bei einem Erwachsenen beobachtet, nicht als ein Verfahren der Anzahlermittlung erscheinen. Denn innerhalb des Anwendungsbereichs des Subitizing ist das Abzählen der Anzahlbestimmung durch Subitizing unterlegen, und außerhalb des Bereiches kann das Kind trotz verschieden großer Mengen keine unterschiedlichen Eindrücke wahrnehmen, die es dazu veranlassen könnte, verschiedene Zahlwörter zu verwenden. Das Kind benutzt also außerhalb des Subitizingbereichs für alle Mengen dasselbe Zahlwort (z.B. „drei").

Ganz ähnlich ist auch die Situation der meisten Erwachsenen in Bezug auf unendliche Mengen. Während ein Mathematiker unendlich viele Arten der Unendlichkeit unterscheidet, kann ein Laie, der nur über den Zählzahlbegriff verfügt, lediglich zu der Aussage gelangen, daß der Zählprozeß zu keinem Ende kommen kann und die Menge daher „un-endlich" ist. Im Alltag sieht also niemand ein Problem darin, sowohl die Menge $\mathbf{N}$ der natürlichen Zahlen als auch die Menge $\mathbf{R}$ der reellen Zahlen als „unendlich" zu bezeichnen, wohingegen es Heiterkeit (und unter Umständen auch Spott) verursacht, wenn jemand endliche Mengen ab einer bestimmten Größe stets mit „viel" bezeichnet.

Bis zum Schuleintritt verfügen nahezu alle Kinder über den Zählzahlbegriff. Es ist dabei irrelevant, wie weit ein Kind bereits zählen kann. Von Bedeutung ist nur, wie es eine Anzahl bestimmt. Es ist in manchen Fällen aber schwer zu entscheiden, ob ein Kind diesen Lernfortschritt bereits gemacht hat oder ob es sich noch auf der Subitizing-Ebene befindet. Dieses Problem tritt dann auf, wenn ein Kind nur solche Mengen „abzählen" kann, die innerhalb des Anwendungsbereichs des Subitizing liegen. Eine mögliche Erklärung dieses Verhaltens ist das völlige Fehlen des Zählzahlbegriffs: Das Kind imitiert die Zählhandlung und bestimmt die Anzahl durch Subitizing. Möglich wäre aber auch, daß die Zählzahlreihe nur nicht weit genug beherrscht wird. Einfacher ist die Situation immer dann, wenn ein Kind Mengen, die außerhalb des Subitizingbereichs liegen (> 7), anzahlmäßig erfassen kann. Doch ist die Situation dann tatsächlich nur einfacher, aber noch immer nicht eindeutig: Man darf eben nicht alleine aus der Tatsache, daß ein Kind die Anzahl der Elemente einer Menge „augenscheinlich" bestimmen kann, schließen, es verfüge über einen entsprechenden Zahlbegriff; denn zum Verfügen über einen Zahlbegriff gehört auch das Wissen um die Gültigkeit des Fundamentalgesetzes der Theorie.[4] So muß einem Kind, das eine Menge zwecks Anzahlbestimmung abzählt, bewußt sein, daß sich die Anzahl der Elemente nicht ändert, sofern an der Menge nichts verändert wird, so daß ein wiederholtes Zählen dasselbe Ergebnis liefert.

Dieses Wissen versuchte Piaget in seinen bekannten Invarianzexperimenten zu testen: Wenn Kinder erkannt hatten, daß in den beiden Reihen einer Konstellation, wie sie Abb. 3.4 zeigt, gleich viele Gegenstände waren, so veränderte er die räumliche Lage der Gegenstände einer der Reihen und fragte noch einmal, ob es gleich viele seien. Daraufhin antworteten Kinder bis zu einem gewissen Alter, daß es nicht mehr so sei. Piaget schloß daraus, daß die Kinder noch nicht die Invarianz der Anzahl der Elemente einer Menge erkannt

[4]Kinder kennen das Fundamentalgesetz selbstverständlich nicht in seiner formalen, mengentheoretischen Darstellung. Dennoch kann man ihre Äußerungen so deuten, als wäre ihnen irgendeine Darstellung dieses Gesetzes bekannt.

Abbildung 3.4

hätten. Abgesehen davon, daß sich die Antworten der Kinder auch auf die wahrgenommenen Längen der Reihen beziehen konnten und damit das Experiment nicht eindeutig war, muß aus unserer Sicht betont werden, daß Piaget an den Mengen Veränderungen vorgenommen hatte. Es ist daher nicht ohne Weiteres zu erwarten, daß die Anzahl der Elemente konstant bleibt. Bezeichnen wir die betreffende Menge vor der Veränderung mit G_1 und danach mit G_2, so ist operativ nicht direkt feststellbar, ob $G_1 \sim G_2$ gilt. Erst das Wissen um die Gültigkeit des Anzahlgesetzes ermöglicht dazu eine Aussage: $\#(G_1) = \#(G_2) \Rightarrow G_1 \sim G_2$.

Es kann im konkreten Einzelfall, wie gesagt, sehr schwer sein zu entscheiden, über welchen Zahlbegriff ein Kind verfügt. Man sollte aber äußerst skeptisch gegenüber Urteilen sein, die besagen, daß ein Kind über *gar keinen* Zahlbegriff verfügt. Nach den Ausführungen zum Subitizing kann nämlich ein solches Urteil auch heißen: Das Kind verfügt erst über den „angeborenen" Zahlbegriff und noch nicht über einen erworbenen wie den Zählzahlbegriff.

In Anbetracht eines „beschränkten" Zahlbegriffs eines Kindes stellt sich für einen Lehrer nun aber die Frage, wie er das Kind bei der Entwicklung eines fortschrittlicheren Zahlbegriffs unterstützen kann.[5] In der Praxis versteht man darunter häufig nur die Entwicklung des Zählzahlbegriffs unter Verwendung von Zahlwörtern als Zahlen. In

[5] Diese Unterstützung muß selbstverständlich nicht zwingend notwendig den erhofften Lerneffekt haben, denn aus unserer Sicht ist jeder Zahlbegriff nur *eine* mögliche Interpretation gewisser „empirischer Gegebenheiten", und die Beweggründe, eine neue Sichtweise anzunehmen, sind letztlich immer sozialer, aber nie logischer Natur.

Anlehnung an Methoden der Anzahlbestimmung, wie sie in einem frühen Stadium der Entwicklung einer Zivilisation benutzt werden, und an die auch in dem oben erwähnten „Zahlenbuch“ angeknüpft wird (s. Abb.3.1), könnte man in Alternative zu Zahlwörtern auch Steinchen (Nüsse oder ähnliches) verwenden.[6] Das Kind muß dazu bei der Anzahlermittlung jedem Gegenstand, der zu der Menge gehört, deren Anzahl zu bestimmen ist, genau ein Steinchen zuordnen. Die Zahldarstellungen $z \in Z$ sind somit Mengen von Steinchen.

Mit dem Abzählen gemeinsam hat dieses Verfahren, daß die zu zählende Menge bei der Anzahlbestimmung vorübergehend linear geordnet wird. Im Unterschied zum Abzählverfahren mittels Zahlwortreihe und dem Zählzahlbegriff wird den zu zählenden Gegenständen aber nicht jeweils eine Zahl zugeordnet, weswegen auch nicht das zuletzt gelegte Steinchen anstatt der insgesamt gelegten Steinchenmenge als Zahl verwendet werden kann. Kennzeichnet man die Steinchen des gesamten Vorrats zusätzlich, so daß sie unterscheidbar sind, und ordnet man sie beständig linear an, so hat man ein isomorphes Bild eines Anfangsabschnittes der Zahlwortreihe. Die CUISENAIRE-Stäbe lassen sich beispielsweise in dieser Art abzählend zur Anzahlbestimmung verwenden: Dem ersten Gegenstand wird der Einer-Stab zugeordnet, dem zweiten Gegenstand der Zweier-Stab usw. Der zuletzt gelegte Stab gibt die Anzahl der gezählten Gegenstände an.[7]

3.3 Zahlwörter als Bündelwertzahlen

Das Verständnis von Kindern des ersten Schuljahres für Zahlwörter wird durch die Zählzahltheorie beschrieben. Sie kennen also die Nachfolgerrelation innerhalb der Zahlwortreihe und können so – anhand

[6] Man würde einem Kind, das noch nicht mittels der Zahlwortreihe zählen kann, selbstverständlich zunächst exemplarisch zeigen, wie damit konventionell gezählt wird (s. dazu Kap.2.2.1)

[7] Ohne solche Zuordnungsübungen ist die Verwendung der CUISENAIRE-Stäbe beim Rechnen fragwürdig: Die Kinder bauen dann lediglich mit bunten Stäben und achten nicht auf die damit verbundenen Zahlensätze in Zahlwörtern oder Ziffern, um die es aber zentral bei der Arbeit geht.

kombinatorischer Prinzipien – den Nachfolger einer Zahl in dem ihnen bekannten Zahlenraum bestimmen. Es fehlt ihnen aber der Bezug zu gebündelten Mengen. Dies fällt beispielsweise auf, wenn Rechnungen der Art $10 + x$ mit $x \in \{1, 2, \ldots, 9\}$ auszuführen sind. Viele Kinder verwenden dazu das Weiterzählen, wie sie es von der Addition kleinerer Zahlen her kennen. Ihnen scheint also nicht bewußt zu sein, daß sich ein Zahlwort wie „dreizehn" aus „drei" und „zehn" zusammensetzt und darauf zurückgeht, daß sich eine entsprechende Menge in einen Zehner und drei Einer zerlegen läßt (s. dazu die Diskussion zu Beginn des Kap.2.2.3, S.72 ff.). Auch die Zifferndarstellung führt nicht zu einer entsprechenden Sichtweise der Kinder, sie muß vielmehr selbst erläutert werden. Aus der Sicht eines Schülers, der erst über einen Zählzahlbegriff verfügt, aber noch nicht über einen Bündelwertzahlbegriff (s. Kap. 2.2.3, S.81 ff.) oder einen Stellenwertzahlbegriff (s. Kap. 2.2.3, S.72 ff.), muß es recht willkürlich erscheinen, den Zehnerübergang gegenüber anderen „Übergängen" wie beispielsweise dem „Achterübergang" zu bevorzugen. Er kann aber auch nicht die Vorteile nutzen, die sich aus einem Bündelwertzahlbegriff beim Rechnen ergeben.

Auch hier stellt sich für den Lehrer wieder die Frage, wie er das Kind bei der Entwicklung eines fortschrittlicheren Zahlbegriffs unterstützen kann. Ein Anreiz zum Erlernen einer neuen Theorie könnte in der höheren Rechengeschwindigkeit im bereits bekannten Zahlenraum liegen. Problematisch ist jedoch unter Umständen die Beschränkung des Zahlenraums auf einen Bereich, der dem Kind bereits durch den bekannten Zahlbegriff zugänglich ist. Eine anderer Anreiz zum Erlernen einer neuen Theorie könnte also in der Anwendbarkeit der neuen Theorie auf einen neuen Zahlbereich liegen.

Um Kindern aber auch die bekannten Zahlwörter als Zahlen eines Bündelwertsystems zu vermitteln, kann man diese Zahlwörter etwas verfremden: Abgesehen von etlichen Abweichungen lautet die allgemeine Form der Zahlwörter von 20 bis 99 „(m)und(n)zig", wobei m die Anzahl der Einer und n die der Zehner ist (z.B. *acht*und*neun*zig, 98). Als Bündelzeichen B_i im Sinne von $T(DBWZ)$ (Kap. 2.2.3,

S.81) tritt hier nur das althochdeutsche Wort „zig" auf, das man mit „Zehner" übersetzen kann. Die Einer werden dadurch gekennzeichnet, daß sie ohne jedes Bündelzeichen genannt werden. Wendet man diese allgemeine Form nun durchgängig auf alle Zahlen von 1 bis 99 an, ohne die gebräuchliche Ausdrucksweise zu berücksichtigen, so entstehen viele Zahlwörter, die gegenüber den gebräuchlichen mehr oder minder verfremdet erscheinen: *eins*und*sechs*zig für 61, *zwei*zig für 20, *acht*und*ein*zig für 18, *zwei*und*ein*zig für 12. Diese *systematischen Zahlwörter*[8] sind den gebräuchlichen immerhin noch so ähnlich, daß man Erkenntnisse, die an den einen gewonnen werden, leicht auf die anderen übertragen kann. Sie unterscheiden sich andererseits aber auch noch deutlich genug voneinander, so daß sie als etwas Neues erscheinen.

3.4 Ziffernfolgen und Abakuszahlen als Stellenwertzahlen

Die einzigen Stellenwertzahlen, die üblicherweise an Schulen verwendet werden, sind die gewöhnlichen Ziffernfolgen. Als Zahlen eines Stellenwertsystems verstanden ist zu ihnen im Gegensatz zu Bündelwertzahlen kein lautsprachliches Pendant in Gebrauch. Insbesondere findet sich also auch keinerlei „Anschauungsmaterial" für Stellenwertsysteme neben diesen Ziffernfolgen, weshalb bei der Einführung des dekadischen Stellenwertsystems auf ein anderes, wenn auch ähnliches Zahlsystem, nämlich ein Bündelwertsystem, zurückgegriffen werden muß. Eine interessante Alternative dazu stellt die Verwendung des Abakus dar. Heutzutage sind noch mindestens zwei[9] Abakusformen gebräuchlich: der chinesische und der japanische. Beide sind für schu-

[8] Eine für Kinder angemessenere Bezeichnung ist *„Pumuckl-Zahlen"*. Pumuckl bildet solche Zahlwörter; das Phänomen ist auch bei Vorschulkindern zu beobachten.

[9] Als dritte Form wäre der russische Abakus zu nennen, der bei uns als „Rechenmaschine" im ersten Schuljahr gebräuchlich ist; seine Verwendung in Rußland als Abakus ist privaten Berichten zufolge kaum mehr erkennbar.

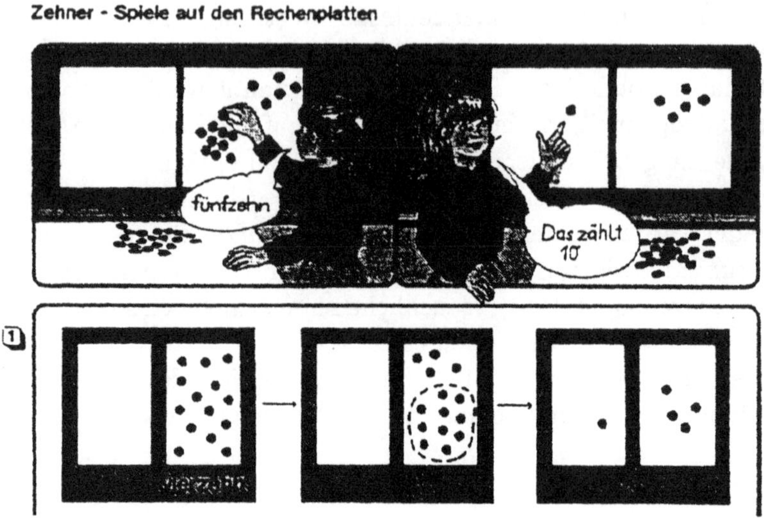

Abbildung 3.5: Einfacher Abakus

lische Belange wegen der rechentechnischen Anforderungen jedoch nur bedingt einsetzbar (z.B. zur inneren Differenzierung im Unterricht). Im Prinzip braucht man zur Realisierung eines einfachen Abakus aber nur eine kleine Zahl linear angeordneter Felder sowie einen gewissen Vorrat von Steinchen (oder ähnlichem), die in die Felder gelegt werden können (s. Abb.3.5[10])

Diese Abakusform hat zwar den Nachteil einer geringeren Rechengeschwindigkeit gegenüber den vorhin genannten, sie hat aber den Vorteil, daß keine rechentechnischen Kenntnisse (Tricks) vorausgesetzt werden müssen. Darüber hinaus wird die Zehnerbündelung an Material handelnd durchgeführt, indem man zehn Steinchen, die in einem Feld liegen, herausnimmt und dafür ein Steinchen im nächsten Feld dazulegt. Der praktische Nutzen dieses Abakus bei der Verwendung im Mathematikunterricht zeigt sich vor allem in der Durchführung der Addition und Subtraktion. Beispielsweise bildet

[10]Aus: Oehl/Palzkill, „Die Welt der Zahl, 1“, Ausg. Bayern, 1983, S.75.

man die Summe 157 + 64 dadurch, daß man beide Summanden am Abakus legt und anschließend die Zehnerbündel, die sich nun ergeben, durch jeweils ein Steinchen im nächsten Feld ersetzt (s. Abb. 3.6).

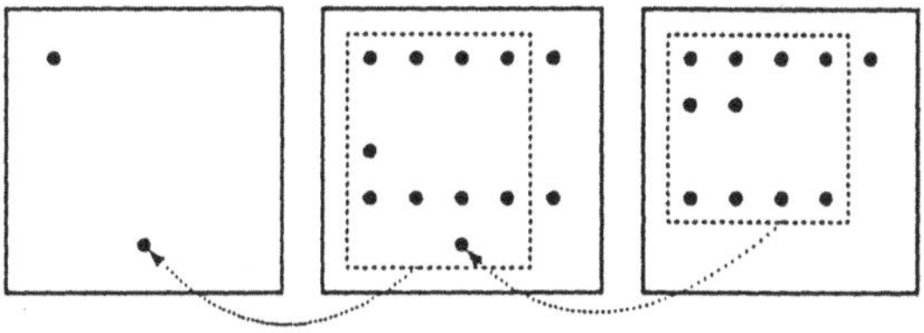

$$\begin{array}{rrrr} & 1 & 5 & 7 \\ + & & 6 & 4 \\ & {\scriptstyle 1} & {\scriptstyle 1} & \\ \hline & 2 & 2 & 1 \end{array}$$

Abbildung 3.6: Addition am Abakus

Beim rein schriftlichen Verfahren muß der Schüler wissen (oder berechnen):

1. Die Summe der Ziffern der entsprechenden Stellen, z.B. $4+7=11$
2. Die Zerlegung der Ziffern-Summen in Zehner und Einer, z.B. $4+7(=11)=10+1$
3. Die Bündelungsregel: „Zehn an der Stelle n werden ersetzt durch eins (‚im Sinn') an der Stelle $n+1$".

Für das Verfahren am Abakus muß der Schüler lediglich die Bündelungsregel kennen.

3.5 Zur Rolle von Anschauungsmaterialien im Mathematikunterricht

Nach einer weit verbreiteten Auffassung sind Anschauungsmaterialien Lehr*mittel*, die wesentliche Aspekte eines allgemeinen Begriffs veranschaulichen und dadurch dem Schüler den Erwerb des allgemeinen Begriffes erleichtern. Beispielsweise schreibt LORENZ in [Lorenz, 1992], S.57:

> Weshalb, so könnte man fragen, werden überhaupt Veranschaulichungsmittel im Erstrechenunterricht (und auch später) verwendet? [...] Wozu also visuelle *Darstellungen* mit *Veranschaulichungsmaterialien*, die als *Modelle* für einen Sachverhalt fungieren, und nicht den Sachverhalt selbst?

Hier kommt deutlich zum Ausdruck, daß Veranschaulichungsmaterialien als Modelle für einen anderen Sachverhalt betrachtet werden. LORENZ präzisiert diese Aussage zunächst in folgender Weise: Zum einen unterscheidet er zwischen dem äußeren Veranschaulichungs*material* und der inneren, geistigen Operation, dem eigentlichen Modell (ders., S.58):

> Es wird deutlich, daß es sich bei einem Modell nicht um die äußere Realisierung handelt, also wiederum um einen lediglich konkreten Handlungsvollzug an materialen Objekten, sondern um eine geistige Operation.

Zum anderen deutet er an, wofür Veranschaulichungsmittel nach seiner Ansicht Modelle sind (S. 59):

> Zum einen bieten unterrichtliche Veranschaulichungshilfen und die darauf aufbauenden individuellen Visualisierungen jeweils ein Modell an, das einprägsam und leicht überblickbar ist. Aber der Umgang mit Modellen verschleiert auch, daß sie vereinfachen und daß sie nicht einen so hohen Komplexitätsgrad aufweisen wie das, wofür sie stehen, die mathematische Wirklichkeit.

Die „geistige Operation", die nach LORENZ das eigentliche Modell darstellt, identifiziert er mit der *Visualisierung* des Anschauungsmaterials bzw. des Umgangs mit diesem. Unter Visualisierung (imagery) wiederum versteht er „die vorstellungsmäßige Produktion oder Reproduktion eines Bildes" (S.41). Er schreibt weiter:

> Dieses Bild ist selten statisch, quasi fotografisch fixiert (eidetisch), sondern es gestattet kognitive Operationen in Form von Drehungen, Perspektivwechsel und Detailänderungen. Sogar Demontagen und Neuzusammenfügungen können vorstellungsgemäß daran vorgenommen werden.

Eine Visualisierung ist keine passive Abbildung eines Objektes auf die Netzhaut, die punktweise im Gedächtnis gespeichert wird. Sie setzt vielmehr das Erkennen von Strukturen des Objektes voraus, welche beim Visualisierungsprozeß rekonstruiert werden (S. 42):

> Während für die Abbildtheorie das Bild eine Abbildung des Objektes ist, das lediglich durch die perzeptiven Vorgänge erkannt wird und dem Beobachter so seine Eigenschaften erschließt, da es in sich gegliedert und mit allen strukturellen Eigenschaften vorfindbar ist, gehen wir in dieser Arbeit in Anlehnung an Piaget von einer konstruktivistischen Perspektive aus [...]. Zum einen werden Bilder konstruiert, zwar als Repräsentation eines Objekts, Sachverhaltes oder einer Handlung und sind in diesem Sinne immer Bezug zu diesen [...]. Zum anderen aber ist es ein aktiver Vorgang, der begrifflich, das heißt durch bereits vorhandenes Wissen gesteuert ist.[... S.47:] Es ist somit wahrscheinlich, daß die Visualisierung nicht das Abbild einer Wahrnehmung, sondern die *bildliche Form des Wissens* um das Objekt ist, so daß zusätzliches Wissen, welcher Art auch immer, die Visualisierung verändern kann. [...] Die Vorstellung stellt eine Form geistiger *Handlung* dar, die in der Hauptsache eine (Re-)Konstruktion ist. Es kann eine nahe Repräsentation dessen darstellen, was vorher irgendwann einmal gesehen wurde, oder auch eine lose, unstrukturierte Form besitzen wie etwa bei Tagträumen und Fantasien. In jedem Fall ist es kein Duplikat der Wirklichkeit, kein exaktes Abbild dessen, was wahrgenommen wurde.

In der Beschreibung der Visualisierung als einem konstruktiven Prozeß liegt eine Parallele zu unserem strukturalistischen Standpunkt. Denn Anschauungsmaterial wird nach unserer Auffassung für das Kind nur dadurch zu „Zahlmaterial“, daß es selbst eine „Theorie“ über den adäquaten Umgang damit entwickelt. Diese Kreativität des Kindes beim Wissenserwerb kommt in der strukturalistischen Interpretation der kindlichen Theorie, insbesondere im Vorkommen theoretischer Funktionen, zum Ausdruck. Denn es handelt sich dabei um Zuordnungen, die nicht aus anderen abgeleitet sind, sondern nur so vorgenommen werden, daß das Fundamentalgesetz der Theorie gilt. Die damit verbundene Freiheit beim Zuordnen kann gewiß nicht durch eine Fotographie des Materials beschrieben werden. Ob ein Kind beim Anblick eines gefüllten Eierkartons mit zwölf Eiern einen Zehner und zwei Einer „sieht" oder ob es eine Menge einzelner Objekte sieht, für die das Abzählverfahren das Zahlwort „zwölf" liefert, kann einem Bild des Eierkartons nicht entnommen werden. Das Anschauungsmaterial bestimmt daher nicht zwingend notwendig eine bestimmte Theorie des Kindes. Auch wir nehmen deshalb an, daß Kinder Anschauungsmaterial nur in einem aktiven, konstruktiven Prozeß zu verwenden lernen.

Im Gegensatz zu dem von LORENZ *vertretenen Standpunkt sehen wir aber keine Notwendigkeit zur Annahme einer „mathematischen Wirklichkeit", für die die Anschauungsmaterialien bzw. ihre Visualisierungen Modelle sind.* Indem nämlich ein Kind ein bestimmtes Anschauungsmaterial zu verwenden lernt, entwickelt es eine Theorie, deren paradigmatische Anwendungen das bestimmte Anschauungsmaterial beinhalten. Nun sind die unterschiedlichen Anwendungen der Theorie (eigentlich: deren theoretische Erweiterungen) „isomorph" im Sinne von Satz 2.5. Das soll heißen: das Zahlmaterial ist austauschbar; statt des Zahlwortes „Fünf" kann man z.B. auch die Finger einer Hand verwenden usw.

Diese Austauschbarkeit der unterschiedlichen Zahlmaterialien könnte man selbstverständlich auch so interpretieren, daß es die verschiedenen Bezeichnungen (Darstellungen, Namen) ein und desselben Objektes, nämlich einer „abstrakten Zahl", seien. Eine *Notwendigkeit* zu dieser Interpretation besteht aber nicht – *die Austauschbarkeit der Zahlmaterialien läßt sich auch ohne die Annahme der Existenz einer abstrakten Zahl durch eine strukturalistische Rekonstruktion des Zahlbegriffs begründen.*

Darüber hinaus ist u.E. die Existenz einer sogenannten „mathematischen Wirklichkeit" äußerst fraglich. Nach LORENZ besteht die (postulierte) „mathematische Wirklichkeit" aus „mathematischen Begriffen". Der Zusammenhang zwischen den Visualisierungen und einem mathematischen Begriff soll nach LORENZ durch die sogenannte *Aufmerksamkeitsfokussierung* hergestellt werden (S.81f):

> Es bleibt das Problem bestehen, wie es von den wahrgenommenen oder vorgestellten Gegenständen zu den mathematischen Begriffen

> kommt. [...] Dies gelingt durch eine *Aufmerksamkeitsfokussierung* [...]. Ein Beispiel soll dies demonstrieren: „Ein Kind geht fünfmal in den Keller und holt jedesmal vier Flaschen herauf„. Dem Ablauf der Handlung 'Flaschen-aus-dem-Keller-holen' selbst kann man keinen Hinweis auf die Multiplikation $5 \cdot 4$ entnehmen, weil diese Handlung ja mit konkreten Dingen wie Flaschen und in einem Kontext abläuft, in dem vieles wichtig ist, zum Beispiel daß das Kind die Türen aufschließen kann, dabei nichts zu Bruch geht etc. Die mathematische Beziehung operiert dagegen nur mit den beiden Zahlen 4 und 5, sie ist eine rein mentale Aktivität.
>
> Wie kommt es nun zu dem postulierten konstruktiven Akt, der zwischen diesen qualitativ verschiedenen Ebenen einen Zusammenhang herstellt? Der erste Schritt besteht darin, das Augenmerk, die Aufmerksamkeit auf die Anzahl (der Flaschen) zu richten. [...] Der nächste Schritt liegt darin, die kognitive Aufmerksamkeit auf die *veränderten* Zahlenwerte [...] zu lenken, die sich bei der Handlung ergeben. Dies gelingt nicht durch einfaches „Ablesen" der Wahrnehmungsgegebenheiten, sondern stellt Beziehungen zwischen verschiedenen Handlungsmomenten her. [...] Eine entsprechende Aufmerksamkeitsfokussierung, ein *Innehalten* in dem Wahrnehmungs- oder Gedankenfluß kann somit einen kognitiven Zusammenhang zwischen den Werten des mathematisch bedeutsamen Charakteristikums herstellen [...]

Leider sagt LORENZ aber nichts dazu, was er unter einem „mathematischen Begriff" versteht, so daß ebenfalls unklar bleibt, was die postulierte „Aufmerksamkeitsfokussierung" leistet. Es ist unter Mathematikern zwar üblich, von der „Existenz" der Forschungsobjekte wie z.B. der natürlichen Zahlen zu sprechen, die Mathematik als Wissenschaft ist aus formalistischer Sicht jedoch nicht auf diese Existenz angewiesen. Auch ein Astronom spricht vom „Sonnenaufgang", obwohl er der Ansicht ist, daß in „Wirklichkeit" die Erde rotiert. Daß auch unter Mathematikern keineswegs Klarheit besteht hinsichtlich der Frage nach der Existenz der Forschungsobjekte in der „Wirklichkeit", zeigt darüber hinaus das Zitat zu Beginn von Kapitel 2 (S.45) aus dem Artikel von Reuben HERSH.

Abschließend können wir also festhalten: Anschauungsmaterial kann – verstanden als neue Anwendung – das Zahlverständnis eines Kindes bereichern. Es kann auch Anstoß zur Bildung einer neuen

Theorie, eines neuen Zahlverständnisses geben. Das Postulat eines abstrakten Zahlbegriffs hingegen, der sich auf der Grundlage der Anschauungsmaterialien bilden soll, halten wir aufgrund unserer strukturalistischen Analyse für überflüssig, da das zu den Anschauungsmaterialien gebildete Theorie-Netz bereits alles zu leisten vermag, was man von einem abstrakten Zahlbegriff erwartet: nämlich die Anwendbarkeit auf vielfältige Situationen.

Literaturverzeichnis

[Averbach] E. Averbach, *The span of apprehension as a function of exposure duration.* Journal of Verbal Learning and Verbal Behavior, 2 (1963), S. 60–64

[Balzer, 1982] Wolfgang Balzer, *Empirische Theorien: Modelle Strukturen Beispiele*

[Balzer, 1987] Wolfgang Balzer, C. Ulises Moulines, Joseph D. Sneed, *An Architectonic for Sience*, Dordrecht, 1987

[Balzer, 1996] Wolfgang Balzer, C. Ulises Moulines, *Structuralist Theory of Science, Focal Issues, New Results*, Berlin, 1996.

[Baroody] Arthur J. Baroody, *The Development of Preschoolers' Counting Skills and Principles* in [Bideaud], S. 99–126.

[Bauersfeld, 1983] Heinrich Bauersfeld, *Subjektive Erfahrungsbereiche als Grundlage einer Interaktionstheorie des Mathematiklernens und -lehrens.* In: Analysen zum Unterrichtshandeln Bd. 2, Köln, 1983, S. 1–56.

[Bednarz] N. Bednarz und B. Janvier, *The understanding of numeration in primary school.* Educational Studies in Mathematics, 13 (1982), S. 33–57.

[Bideaud] Jacqueline Bideaud, Claire Meljac, Jean-Paul Fischer (Hrsg), *Pathways to Number*, Hillsdale, 1992

[Boysen, 1993] Sarah T. Boysen, E. John Capaldi, *The Development of Numerical Competence*, Hillsdale, 1993
darin: *Counting in Chimpanzees: Nonhuman Principles and Emergent Properties of Number*, S. 39–59

[Brissiaud] Rémi Brissiaud, *A Tool For Number Construction: Finger Symbol Sets*, in [Bideaud], S. 41–65

[Brun] J. Brun, J. M. Giossi, A. Henriques, *A propos de l'écriture decimale*, MATH-ÉCOLE, 23 (1984), S. 2–11, Genf.

[Burscheid, 1988] H.J. Burscheid, W. Mellis, *The Construction of the Fraction-Concept and the Addition of Fraction as Content of an Empirical Theory*, in: H.-G. Steiner und A. Vermandel, *Proceedings of the 2nd TME-Conference*, Bielefeld, 1985, S. 226–235.

[Burscheid, 1993] H.J. Burscheid, H. Struve, *Das Rechtfertigungsproblem didaktischer Konzeptionen - ein Beitrag zur Zahlbegriffsentwicklung*, mathematica didactica 16, S. 3–29, mathematica didactica 17, S. 28–68, 1993/94.

[Dedekind] Richard Dedekind, *Was sind und was sollen die Zahlen*, Braunschweig 1888, 1965.

[Descoedres] A. Descoedres, *Le développement de l'enfant de deux à sept ans*, Neuchâtel, 1946

[Feyerabend] Paul K. Feyerabend, *Das Problem der Existenz theoretischer Entitäten*, in: E. Topitsch (Hrsg.), *Probleme der Wissenschaftstheorie*, Wie 1969, S. 35–72.

[Frege] Gottlob Frege, *Die Grundlagen der Arithmetik. Eine logisch mathematische Untersuchung über den Begriff der Zahl* ,Breslau 1884 (repr. Darmstadt 1990).

[Fuson, 1988] Karen C. Fuson, *Children's Counting and Concepts of Number*, New York, 1988

[Gelman, 1978] R. Gelman, C. R. Gallistel, *The child's understanding of number* Cambridge (MA), 1978

[Gelman, 1991] R. Gelman, C. R. Gallistel, *Subitizing: The preverbal counting process*, in: W. Kessen, A. Ortony, F. Craik (Hrsg.), *Memories, Thoughts, and Emotions: Essays in Honor of George Mandler.*, Hillsdale (NJ), 1991

[Gericke] H. Gericke, *Geschichte des Zahlbegriffs*, Mannheim 1970.

[Gerster] H.-D. Gerster, *Schülerfehler bei schriftlichen Rechenverfahren*, Freiburg, 1982.

[Griesel] Heinz Griesel, *Überlegungen zu den mathematischen und psychologischen Grundlagen des Rechenunterrichts in der Grundschule*, Beiträge zum Mathematikunterricht, Teil 1, S. 128–142, Hannover 1969

[Hanson] N.R. Hanson, Patterns of Discovery. An Inquiry into the Conceptual Foundations of Science, Cambridge 1958.

[Hersh] Reuben Hersh, *What is Mathematics, Really?*, DMV-Mitteilungen 2/98, S.13 u. 14, Berlin 1998.

[Hiebert] James Hiebert, Diana Wearne, *Instruction, Understanding, and Skill in Multidigit Addition and Subtraction*, Cognition and Instruction, 14(3), 1996, S. 251– 283.

[Kamii, C.] Constance Kamii, *Place Value: An Explanation of Its Difficulty and Educational Implications for Primary Grades*, Journal of Research in Childhood Education, 1(2), 1986, S. 75–86.

[Kamii, M.] M. Kamii, *Place value: Children's efforts to find a correspondence between digits and numbers of objects* Artikel zum „Tenth Annual Symposium of the Jean Piaget Society, Philadelphia“, Mai 1980.

[Kaufman] E. C. Kaufman, M. W. Lord, T. W. Reese, J. Volkmann, *The Discrimination of visual number.* in: American Journal of Psychology, 62 (1949), S. 498–525

[Klahr] D. Klahr *Quantificaton processes*, in: W. G. Chase (Hrsg.), *Visual information processing*, S. 3–34, New York, 1973

[Koehler] Otto Koehler, *„Zähl"-versuche an einem Kolkraben und Vergleichsversuche an Menschen*, Zeitschrift für Tierpsychology, 5 (1943), S. 575–712

[Kuhn, 1967] Thomas S. Kuhn, *Die Struktur wissenschaftlicher Revolutionen*, Frankfurt 1967.

[Kuhn, 1976] ders., *Theory-Change as Structure-Change. Comments on the Sneed Formalism*, Erkenntnis 10, 1976.

[Lawler, 1981] R. W. Lawler, *The Progressive Construction of Mind*, in: *Cognitive Science*, 5, 1981, No. 1, S. 1–30.

[Lawler, 1985] R. W. Lawler, *Computer Experience and Cognitive Development*, Chichester (England), 1985.

[Lay] , W. A. Lay, *Führer durch den Rechenunterricht der Unterstufe*, Leipzig, 1914 (3. Aufllage).

[Lorenz, 1992] Jens Holger Lorenz, *Anschauung und Veranschaulichungsmittel im Mathematikunterricht*, Göttingen 1992.

[Matros] Norbert Matros, *Zahl und Sprache*, in: Günter Pickert und Ingo Weidig (Hrsg.), *Mathematik erfahren und lehren*, Stuttgart 1994, S.149–156.

[Miller] Daniel J. Miller, *Do Animals Subitize?*, in [Boysen, 1993], S. 149–169, 1993

[Mittelstraß] Jürgen Mittelstraß (Hrsg.), *Enzyklopädie Philosophie und Wissenschaftstheorie*, Bd. 1–4, Mannheim 1980 und 1984, Stuttgart 1995 und 1996.

[Piaget(3)] Jean Piaget, Alina Szeminska, *Die Entwicklung des Zahlbegriffs beim Kinde*, Gesammelte Werke 3, Studienausgabe, Stuttgart, 1975.

[Piaget(8)] Jean Piaget, *Die Entwicklung des Erkennens I, Das mathematische Denken*, Gesammelte Werke 8, Studienausgabe, Stuttgart, 1975.

[Rilling] Mark Rilling, *Invisible Counting Animals: A History of Contributions from Comparative Psychology, Ethology, and Learning Theory*, in [Boysen, 1993], S. 3–37

[Seiler, 1986] , Thomas Bernhard Seiler, *Die Reversibilität in der Entwicklung des Denkens*, Stuttgart, 1968.

[Sinclair] Anne Sinclair, Anne Garin, Chantal Tièche–Christinat, *Constructing and Understanding of Place Value in Numerical Notation*, European Journal of Psychology of Education, 7(3), 1992, S. 191–207.

[Sneed] Joseph D. Sneed, *The Logical Structure of Mathematical Physics*, Dordrecht, 1971, 1979 (rev. Ed.)

[Starkey] Prentice Starkey, Robert J. Cooper Jr., *The development of subitizing in young children*, British Journal of Developmental Psychology, 13 (1995), S. 399–420.

[Steffe, 1988] Leslie P. Steffe, Paul Cobb, *Construction of arithmetical meanings and strategies*, New York, 1988.

[Stegmüller] Wolfgang Stegmüller, *Theorie und Erfahrung*, Band II (drei Teilbände), Berlin, 1986.

[Struve, 1985] Horst Struve, *Historische und rationale Rekonstruktionen*, in: H.G. Steiner und H. Winter (Hrsg.), *Mathematikdidaktik - Bildungsgeschichte - Wissenschaftsgeschichte*, Köln, 1985, S. 118–122.

[Struve, 1990] Horst Struve, *Grundlagen einer Geometriedidaktik*, Mannheim, 1990.

[Struve, 1994] Horst Struve, *Zur Entwicklung des Wahrscheinlichkeitsbegriffs*, in: Günter Pickert und Ingo Weidig (Hrsg.), *Mathematik erfahren und lehren*, Stuttgart 1994, S. 220–227

[Thies] C. Thies, *Zur Formalisierung des Piagetschen Gruppierungsbegriffes unter besonderer Berücksichtigung graphentheoretischer Methoden*, Diss., Kiel, 1983.

[Westmeyer] R. Westermeyer, *The Structuralist Program in Psychology*, Seattle, 1992

[Wittmann, 1972] Erich Wittmann, *Zum Begriff „Gruppierung„ in der Piagetschen Psychologie*, Beiträge zum Mathematikunterricht, Teil 2, S. 203–222, Hannover, 1972

[Wittmann, 1978] Erich Wittmann, *Piagets Begriff der Gruppierung* in: G. Steiner (Hrsg.), *Piaget und die Folgen*, Kindlers *Psychologie des 20-ten Jahrhunderts*, Bd. 8, S. 219–235, München, 1978.

Danksagung

Ich möchte mich an dieser Stelle bei all den Menschen bedanken, die meine Arbeit[11] gefördert haben. An erster Stelle ist mein Betreuer, Professor Dr. HORST STRUVE zu nennen. Er hat mich mit wissenschaftlichen Methoden der Mathematikdidaktik vertraut gemacht, und durch ihn habe ich das strukturalistische Theorienkonzept kennengelernt, von dem ich meine, daß es auch für meine weitere Arbeit noch von großer Bedeutung sein wird.

Mein Dank gilt auch Professor Dr. ANSGAR HÄUSSLING, durch dessen Hinweise und Anregungen ich zu einem tieferen Verständnis des strukturalistischen Theorienkonzeptes und seiner Anwendung in der Mathematikdidaktik gelangte.

Viele Anregungen zum Zahlverständnis von Kindern verdanke ich Professor Dr. NORBERT MATROS. Die zahllosen Gespräche mit ihm gaben mir die Möglichkeit, meine eigene Position immer weiter zu präzisieren, und ich lernte nebenbei viele aktuelle sowie historische Methoden des Rechenunterrichts kennen.

Dem Leiter des Instituts für Mathematik, Professor Dr. INGO WEIDIG, danke ich für die Ausstattung mit Computern, an denen das Arbeiten Freude bereitete.

Mein Dank gilt auch den Menschen, die das Textsatzprogramm LaTeX geschaffen haben und weiterentwickeln, insbesondere dem Verein „**DANTE**“ (Deutschsprachige Anwendervereinigung TeX e.V.).

[11] Das vorliegende Buch ist aus meiner gleichnamigen Dissertation, die ich an der Universität in Landau erstellt habe, hervorgegangen und stimmt mit ihr bis auf unwesentliche Korrekturen überein.

Kolibri 360 GmbH
Ferdinand-Jühlke-Straße 7
99095 Erfurt, Deutschland
produktsicherheit@kolibri360.de

Druck:
CPI Druckdienstleistungen GmbH
im Auftrag der
Kolibri 360 GmbH
Ferdinand-Jühlke-Str. 7
99095 Erfurt